最新ガスバリア薄膜技術
―ハイグレードガスバリアフィルムの実用化に向けて―

Advanced Thin-Film Processes for Gas-Barrier Films
― Toward the Industrialization of High-Grade Gas-Barrier Films for Electronics ―

《普及版／Popular Edition》

監修 中山　弘・小川倉一

シーエムシー出版

巻頭言

　近未来のデバイスであるフレキシブル有機ELやフレキシブル有機太陽電池など有機材料を用いるデバイスでは，大気中の酸素，水蒸気を遮断するために，ガラス並みに酸素や水蒸気の透過を阻止する，いわゆる超ガスバリアフィルムの開発が求められています。超ガスバリアフィルムの実現のためには，酸素，水蒸気などの分子の固溶と拡散を抑制した超ガスバリア層をプラスチックフィルム上に被膜する最先端プロセス技術と，吸水性が低く，線膨脹係数が小さい，耐熱透明フィルムの製造技術，フィルム表面の平坦化処理技術，フィルム貼り合わせ技術，超ガスバリア特性評価技術，ロールツーロールドライ成膜装置などの先端技術が必要とされています。しかしながら，超ガスバリアフィルムを必要とするフレキシブル有機デバイスの商品化が進んでいないこともあって，超ガスバリアフィルム自体の商品化と製造技術の確立が進んでいません。

　一方，当面の市場として，太陽電池用耐候性バックシート，電子ペーパー用防湿フィルムなどの分野で，従来のハイバリアと超ガスバリアの中間グレードのバリアフィルム，いわば"ハイグレードバリアフィルム"（水蒸気透過率，WVTR＝$0.0001 \sim 0.01 \mathrm{g/m^2/day}$）が求められています。将来的には巨大な市場が予測されるため，ガスバリアフィルム分野では，水面下で激しい開発競争が行われています。そのため，学会や研究会などでのオープンな討論や情報交換ができにくい状況にあります。しかし，ハイグレードから超ガスバリアレベルでの評価法の確立と仕様の標準化，商品化のための成膜法の検討，製造装置の開発などにおいては企業や研究機関の利害と競争を超えた技術協力が求められています。そのためには大学や公的研究機関の連携も必要です。

　本書がハイグレードガスバリアフィルムから超ガスバリアフィルムの研究開発における情報交換の場となり，フィルムベースエレクトロニクス産業の発展と飛躍に寄与できることを願っています。また，多忙な中，快く原稿執筆をお引き受けいただいた執筆者の皆様に深く感謝いたします。

2011年3月

大阪市立大学；㈱マテリアルデザインファクトリー

中山　弘

普及版の刊行にあたって

　本書は2011年4月に『最新ガスバリア薄膜技術 ―ハイグレードガスバリアフィルムの実用化に向けて―』として刊行されました。普及版の刊行にあたり，内容は当時のままであり加筆・訂正などの手は加えておりませんので，ご了承ください。

2017年4月

シーエムシー出版　編集部

---- 執筆者一覧（執筆順）----

中山　　弘	大阪市立大学　工学研究科　教授； ㈱マテリアルデザインファクトリー　代表取締役
植田　吉彦	㈱大阪真空機器製作所　堺技術部　真空装置グループ　専門技師
小川　倉一	三容真空工業㈱　技術顧問；小川創造技術研究所　代表
小島　啓安	㈲アーステック　代表取締役；名古屋大学　客員准教授
松原　和夫	㈱セルバック　代表取締役
澤田　康志	エア・ウォーター㈱　総合開発研究所　部長
沖本　忠雄	㈱神戸製鋼所　機械事業部門　開発センター　商品開発部　主任部員
幾原　志郎	㈱麗光　技術部　技術2課　課長
永井　伸吾	尾池工業㈱　フロンティアセンター　主任研究員
大谷　新太郎	㈱日立ハイテクノロジーズ　科学システム営業統括本部 テクニカルサポートコンサルタント；㈲ホーセンテクノ　取締役
松原　哲也	八洲貿易㈱　第一事業本部
楳田　英雄	住友ベークライト㈱　神戸基礎研究所　研究部　主席研究員
井口　恵進	㈱テクノ・アイ　代表取締役
島田　敏宏	北海道大学　工学研究院　教授
辻井　弘次	ジーティーアールテック㈱　企画開発部　部長
吉田　哲男	帝人デュポンフィルム㈱　フィルム技術研究所　フィルム研究室 室長
福武　素直	㈱プライマテック　応用技術開発
宮本　知治	住友ベークライト㈱　フィルム・シート研究所　所長
石井　良典	グンゼ㈱　開発事業部　光学フィルム開発営業センター F1フィルム開発営業課　課長
松本　利彦	東京工芸大学　工学部　生命環境化学科　教授
奥山　哲雄	東洋紡績㈱　総合研究所　コーポレート研究所 IT材料開発グループ
池田　功一	日本ゼオン㈱　高機能樹脂・部材事業部　高機能樹脂販売部 課長代理

執筆者の所属表記は，2011年4月当時のものを使用しております。

目次

【第1編　ガスバリア薄膜技術】

第1章　ガスバリア薄膜技術の基礎　中山　弘

1　ガスバリアフィルムの分類と用途：序にかえて …………………………… 3
2　低温成膜の物理と問題点 …………… 5
3　低温成膜法の比較 …………………… 8
4　プラスチックフィルム基板とガスバリア層 ……………………………… 10
5　有機触媒CVD法によるガスバリア層の形成 ……………………………… 12
6　ガスバリア性を決める因子の検討 …… 13
6.1　両面コートガスバリアフィルムの必要性 ……………………………… 13
6.2　SiCN層の構造・組成最適化 …… 15
6.3　水素の含有量の低減と最適化 …… 16
6.4　超ガスバリアフィルムをめざして … 17
7　まとめ ……………………………… 18

第2章　低温真空成膜技術

1　スパッタ法 …………… 植田吉彦 … 20
1.1　はじめに …………………………… 20
1.2　検討課題 …………………………… 20
　1.2.1　ガスバリア膜の実用化にあたっての検討課題について ……… 20
　1.2.2　膜種 ………………………… 21
　1.2.3　スパッタ成膜法 …………… 21
1.3　低温・低ダメージ成膜 …………… 21
　1.3.1　スパッタ粒子のエネルギー低減 …………………………… 22
　1.3.2　γ電子・負イオン・反跳アルゴン等高エネルギー粒子の入射及び輻射熱負荷対策 …………… 23
　1.3.3　アーク発生及びアノード消失対策 ……………………………… 26
　1.3.4　MHV, N-MHVスパッタ法 … 28
1.4　今後の生産用装置について ……… 30
2　有機触媒CVD …………… 中山　弘 … 33
2.1　はじめに …………………………… 33
2.2　有機触媒CVDの原理 ……………… 34
2.3　フィラメント反応の解析 ………… 35
2.4　有機触媒CVD法および装置 …… 38
2.5　SiOC薄膜への応用 ……………… 39
2.6　Cat-CVDのもう一つの応用：水素ラジカルを用いた表面処理 ……… 40
2.7　結論 ………………………………… 42
3　イオンプレーティング法
　………………………… 小川倉一 … 44

I

3.1	はじめに ………………… 44	3.3.5	活性化反応蒸着法（ARE： Activated Reactive Evaporation 法）………… 47
3.2	イオンプレーティング（IP）法の特徴 ……………………………… 44		
3.2.1	イオンプレーティング ……… 44	3.3.6	マルチアーク法（AID 法）… 47
3.2.2	反応性イオンプレーティング法 ……………………………… 45	3.3.7	イオンビームアシスト蒸着法… 47
		3.3.8	電子ビーム励起プラズマ法 … 47
3.3	イオンプレーティング法の分類 … 45	3.4	新しいイオンプレーティング法（IP法）と応用例 ……………… 48
3.3.1	多陰極熱電子照射法 ………… 45		
3.3.2	高周波励起法（RF 法）……… 46	3.4.1	ホローカソード活性化高速蒸着法（HAD 法）………………… 48
3.3.3	ホローカソード放電法（HCD 法）…………………………… 46		
		3.4.2	低エネルギーイオンプレーティング（IP 法）による ITO 薄膜 ……………………………… 50
3.3.4	クラスターイオンビーム法（ICB：Ionized Cluster Beam 法）…………………………… 46		
		3.5	まとめ ……………………… 52

第3章　高速真空成膜技術

1	反応性高速スパッタ技術 ………………………… **小島啓安** … 53	2.3.3	光学特性 …………………… 71
		2.3.4	誘導結合型-CVD と PVD の比較 …………………………… 72
1.1	反応性スパッタとは ………… 53		
1.2	ヒステリシス，遷移領域について 54	2.4	おわりに …………………… 73
1.3	遷移領域制御 ………………… 56	3	大気圧プラズマ CVD …… **澤田康志** … 74
1.4	インピーダンス制御 ………… 57	3.1	はじめに …………………… 74
1.5	プラズマエミッション（PEM）制御 …………………………… 60	3.2	大気圧プラズマ …………… 74
		3.2.1	誘電体バリア放電 ………… 74
1.6	バリア膜での PEM 制御 …… 63	3.2.2	アーク放電 ………………… 76
2	誘導結合型-CVD ………… **松原和夫** … 66	3.3	大気圧プラズマ応用による CVD 薄膜の応用事例 ………………… 76
2.1	はじめに …………………… 66		
2.2	誘導結合型 ICP-CVD ……… 66	3.4	TEOS，HMDSO を用いた大気圧プラズマ CVD 合成 ……………… 78
2.3	ロール対応誘導結合型-CVD … 69		
2.3.1	ロール対応 ICP-CVD ……… 69	3.4.1	実験方法 …………………… 78
2.3.2	バリア特性 ………………… 70	3.4.2	CVD 薄膜の膜質評価 ……… 78

3.5 大気圧プラズマ連続CVD成膜装置 …………………………… 81
3.6 おわりに ………………………… 81

第4章　真空ロールツーロール成膜技術

1 バリアフィルム用ロールツーロールプラズマCVD装置 ……… **沖本忠雄** … 83
　1.1 はじめに ………………………… 83
　1.2 フレキシブルバリア膜形成の課題 83
　1.3 ロールツーロールプラズマCVD … 84
　　1.3.1 動作原理 ………………… 84
　　1.3.2 フレキシブルなバリア皮膜を形成できるCVDプロセス …… 84
　　1.3.3 低コンタミネーションプロセスによる安定性確保 ………… 86
　　1.3.4 優れた成膜効率，成膜速度と幅方向に対しての均一性 ……… 86
　1.4 装置紹介 ………………………… 87
　　1.4.1 小型高機能CVDロールコータ（W35シリーズ）…………… 87
　　1.4.2 生産用途への適用 ………… 88
　1.5 まとめ …………………………… 88
2 マルチターゲット型ロールツーロールスパッタ装置 ……… **小川倉一** … 90
　2.1 はじめに ………………………… 90
　2.2 ロールツーロールスパッタ装置の要素技術 ………………………… 90
　2.3 縦型フィルム走行式スパッタ装置 …………………………………… 91
　2.4 マルチチャンバーマルチターゲットスパッタ装置 ……………… 93
　　2.4.1 反応性スパッタリング技術 … 94
　　2.4.2 光学多層膜成膜例 ………… 96
3 成膜技術とバリアフィルムの応用 ……………………… **幾原志郎** … 97
　3.1 はじめに ………………………… 97
　3.2 成膜技術 ………………………… 97
　　3.2.1 成膜技術の現状 …………… 97
　　3.2.2 各種成膜方法とその膜特性 … 98
　3.3 用途別特性 ……………………… 99
　　3.3.1 包装用フィルム …………… 99
　　3.3.2 太陽電池用バックシート … 99
　　3.3.3 その他の用途 …………… 102
　3.4 おわりに ……………………… 103
4 エレクトロニクスとガスバリアフィルム ……………… **永井伸吾** … 104
　4.1 はじめに ……………………… 104
　4.2 有機ELデバイスとガスバリアフィルム ……………………………… 104
　4.3 太陽電池とガスバリアフィルム … 105
　4.4 ガスバリアフィルム基板 …… 107
　　4.4.1 プロセス適性上の要求 …… 107
　　4.4.2 設計上の要求 …………… 107
　4.5 ラッピング材としてのガスバリアフィルム …………………………… 108
　4.6 封止における問題 …………… 109
　4.7 おわりに ……………………… 111

【第2編　ガスバリアフィルム評価技術と高機能ベースフィルム】

第1章　ガスバリア性評価技術

1　等圧法 mocon AQUATRAN におけるガスバリア性評価技術と測定例 ……………… **大谷新太郎** … 115
1.1　はじめに ………………………… 115
1.2　装置の概要と測定原理 ………… 115
　1.2.1　PERMATRAN（等圧法）…… 115
　1.2.2　AQUATRAN（等圧法）……… 116
1.3　各種製品におけるガスバリア性要求レベル ………………………… 117
1.4　超ハイバリア水蒸気透過度測定方法について …………………… 117
　1.4.1　カップ法による評価法（等圧法）………………………… 118
　1.4.2　圧力法による評価法（差圧法）………………………… 119
　1.4.3　感湿センサー法による評価法（等圧法）……………… 119
　1.4.4　モコン法による評価法（等圧法）……………………… 119
1.5　ガスバリア性評価の信頼性 ……… 120
　1.5.1　装置の校正がなされ，測定結果が検証できること ………… 120
　1.5.2　システムリーク率（ゼロレベル）が確定されていること … 122
　1.5.3　測定温度，湿度の正確性 …… 122
1.6　フィルム，シート形状での測定ポイント ………………………… 123
1.7　有機EL，太陽・燃料電池関連部材開発におけるガスバリア性の評価 … 124
　1.7.1　有機EL（Organic Electro-Luminescence）……………… 124
　1.7.2　太陽電池（Photovoltaic Battery）………………………… 124
　1.7.3　燃料電池（Fuel Battery）…… 125
1.8　おわりに ………………………… 125

2　Lyssy（リッシー）……… **松原哲也** … 127
2.1　はじめに ………………………… 127
2.2　L80-5000型水蒸気透過度計 ……… 127
2.3　L100-5000型ガス透過度計 ……… 129
2.4　おわりに ………………………… 131

3　カルシウム腐食法 ……… **楳田英雄** … 132
3.1　はじめに ………………………… 132
3.2　プラスチックフィルムの表面性 … 133
3.3　無機バリア成膜 ………………… 134
　3.3.1　フィルム表面性（形状）の影響 ………………………… 134
　3.3.2　フィルム表面性（密着性）の影響 ……………………… 134
3.4　カルシウム腐食法による評価 …… 134
　3.4.1　水蒸気透過度の定量化 ……… 134
　3.4.2　評価セルの概要 ……………… 136
　3.4.3　カルシウム腐食評価例 ……… 137
　3.4.4　局所欠陥の構造解析 ………… 137
3.5　まとめ …………………………… 140

4　差圧法による多面的バリア透過率測定 ……………………… **井口惠進** … 142

4.1 はじめに …………………… 142	5.3.3 冷却トラップの温度―水分，酸素，二酸化炭素に対する検討 … 150
4.2 DELTAPERM …………………… 142	5.3.4 測定手順 …………………… 152
4.3 一般的な差圧法の問題点 …… 146	5.3.5 実験結果 …………………… 153
4.4 おわりに …………………… 146	5.4 まとめ …………………… 154
5 低温吸着・質量分析による高速・超精密評価法 ……………… 島田敏宏 … 147	6 ガスクロマトグラフ法によるガス・水蒸気・蒸気・液体透過性測定法 ……………… 辻井弘次 … 156
5.1 はじめに …………………… 147	6.1 はじめに …………………… 156
5.2 高感度測定のため要件 ……… 147	6.2 関連規格 …………………… 156
5.3 開発した装置の原理と性能 … 148	6.3 測定方法 …………………… 157
5.3.1 超高真空における水分子の検出 …………………… 148	6.3.1 差圧式ガスクロマトグラフ法 … 157
5.3.2 大気圧下の試料から透過した水蒸気を超高真空中の検出器に導く方法 …………… 149	6.3.2 等圧式ガスクロマトグラフ法 … 160
	6.4 おわりに …………………… 166

第2章　エレクトロニクス用プラスチックフィルム

1 PEN フィルム ………… 吉田哲男 … 167	2.1 はじめに …………………… 177
1.1 はじめに …………………… 167	2.2 適用可能な液晶ポリマーの選定 … 177
1.2 ポリエステルフィルムの製造工程と構造発現 …………………… 168	2.3 均一な分子配向制御技術 …… 177
1.3 基材用 PEN フィルム ……… 169	2.4 液晶ポリマーフィルムの特性 … 178
1.3.1 透明性・表面性設計 …… 169	2.4.1 寸法安定性 …………… 178
1.3.2 一般物性設計 ………… 169	2.4.2 吸水特性 ……………… 179
1.3.3 熱工程での取り扱い … 170	2.4.3 ガスバリア性 ………… 179
1.4 テオネックス®の各種特性 … 173	2.4.4 耐薬品性 ……………… 179
1.4.1 フィルム外観 ………… 173	2.4.5 電気絶縁性 …………… 179
1.4.2 機械的性質 …………… 173	2.4.6 熱特性 ………………… 179
1.4.3 長期耐熱性 …………… 174	2.4.7 機械特性 ……………… 181
1.4.4 電気的性質 …………… 174	2.5 フィルム表面の平坦性をアップしたBIAC フィルム …………… 182
1.5 今後の開発動向と課題 ……… 174	2.6 おわりに …………………… 183
2 液晶ポリマーフィルム … 福武素直 … 177	3 バリアフィルム基板用 PES フィルム

	……………………… 宮本知治 … 184	5.2 ポリイミド着色の起源 ……………… 201
3.1	はじめに ……………………………… 184	5.3 無色透明ポリイミド ………………… 202
3.2	PES基板の耐熱性 …………………… 184	5.4 脂環式ポリイミドの作製法とフィルムの諸特性 ………………………… 203
3.3	PES基板の光学特性について ……… 185	5.5 ポリイミドの吸水率とガスバリア性 ……………………………………… 205
3.4	バリア性能へのPESフィルム特性の影響について …………………… 186	5.6 おわりに ……………………………… 206
3.5	アンダーコート ……………………… 188	6 薄膜形成基板としての低CTE（線膨張係数）ポリイミドフィルム
3.6	おわりに ……………………………… 189	……………………… 奥山哲雄 … 208
4 Fフィルム ……………… 石井良典 … 192		6.1 はじめに ……………………………… 208
4.1	はじめに ……………………………… 192	6.2 ポリイミドフィルム ………………… 208
4.2	開発の背景 …………………………… 192	6.3 XENOMAX®の物性 ………………… 209
4.3	Fフィルムの特長 …………………… 192	6.4 プロセス中のフィルム仮固定 …… 213
4.3.1	耐熱性 …………………………… 192	6.5 まとめ ………………………………… 213
4.3.2	光学特性 ………………………… 193	7 シクロオレフィンポリマー
4.3.3	低吸水率 ………………………… 193	……………………… 池田功一 … 215
4.4	タッチパネル向け電極フィルムへの応用 ……………………………… 195	7.1 はじめに ……………………………… 215
4.5	ガスバリアフィルムへの応用と実装評価 …………………………………… 196	7.2 シクロオレフィンポリマーとは … 215
4.5.1	基材フィルムの平滑性とバリア性能 ……………………………… 197	7.2.1 ZEONEX® ……………………… 216
		7.2.2 ZEONOR® ……………………… 216
4.5.2	基材フィルムの吸水率とバリア性能 ……………………………… 197	7.3 シクロオレフィンポリマーの特長と技術動向 ……………………………… 216
4.6	技術展望・製品展望 ………………… 198	7.3.1 透明性 ………………………… 217
4.6.1	高耐熱化 ………………………… 199	7.3.2 耐湿性と水蒸気バリア性 …… 217
4.6.2	高靭性・薄膜化 ………………… 199	7.3.3 耐候性付与技術 ……………… 220
5 PI（透明ポリイミド）…… 松本利彦 … 200		7.4 まとめ ………………………………… 221
5.1	はじめに ……………………………… 200	

第3章 ハイガスバリア性達成への技術開発例と課題　小川倉一

1 はじめに …………………………… 223 ｜ 2 ガスバリア性能と応用分野 …………… 223

- 3　ガスバリア膜の低温形成技術 ………… 225
  - 3.1　真空を利用した薄膜形成法と特徴 … 225
  - 3.2　バリアフィルム作製装置と形成例 … 226
- 4　ハイバリアフィルムの開発例 ………… 227
  - 4.1　太陽電池用ハイバリアフィルム … 227
  - 4.2　プラスチックLCD用バリアフィルム ………………………………… 227
  - 4.3　ナノ積層化・複合化による超ガスバリアフィルム ………………………… 229
- 5　今後の展望 …………………………… 232

第1編

ガスバリア薄膜技術

第 1 章　ガスバリア薄膜技術の基礎

中山　弘*

1　ガスバリアフィルムの分類と用途：序にかえて

　水あるいは酸素分子の透過を防止するいわゆるガスバリアフィルムは食品，薬品，電子・機械部品などの包装や保護フィルムとして用いられている。特に，有機太陽電池や有機 EL などの有機エレクトロニクス素子では，有機薄膜を構成する有機分子がデバイスの動作中や，デバイス作製後に雰囲気中の酸素や水蒸気と反応して劣化することが知られている。写真 1 には有機 EL (OLED) 作製 1 日後の発光面の写真を示す。この写真に示されるように，発光強度が弱い，いわゆるダークスポットが観測される。このように酸素，水蒸気を防止する，薄膜封止や封止フィルムを用いていない素子を大気中に放置すると，数日後にはダークスポットの数と面積が増大し，素子が完全に劣化してしまう。このような有機デバイスへの酸素，水蒸気の侵入をシャットアウトするのが本稿の主題であるガスバリアフィルムである。

　図 1 にはガス（水蒸気，酸素）バリアフィルムの性能と用途を示す。この図では，①モノマーの選択，ポリマーの微細構造とアロイ化，結晶化度の制御などを行い，プラスチックフィルム自体に高いバリア性をもたせた各種 "ガスバリアプラスチックフィルム"，②ガスバリア性を向上させるために，フィルム上に Al などの金属を蒸着した金属コートフィルムや，Si の酸化膜や窒化膜，Al 酸化膜などの無機化合物を蒸着するのが "蒸着バリアフィルム"，③蒸着，スパッタリングやプラズマ CVD で形成した透明ガスバリア層の単層あるいは多層コートで高いガスバリア性をもたせる "ハイバリアフィルム"，④さらに高度なガスバリアフィルムには，光重合により形成するポリマーや，Si の酸化膜や窒化膜，Al 酸化膜などの無機化合物との多層膜をフィルム上に形成することによって高いバリア性を付与する "ハイグレードバリアフィルム" が開発されている。⑤ガスバリアフィルムの極限にあるのが有機 EL 対応の "超バリアフィルム" である。ただし，この超バリアフィルムの開発はまだ研究室レベルに留まっており，実用化レベルには達していない。現在世界的な開発競争が行われている。

　水蒸気バリア性（水蒸気透過度）は $g/m^2/day$，酸素バリア性（透過度）は $cc/m^2/day$，の単

---

*　Hiroshi Nakayama　大阪市立大学　工学研究科　教授；
　　　　　　　　　㈱マテリアルデザインファクトリー　代表取締役

位を用いる。水蒸気バリア性の評価は，テストフィルムで仕切られた二つのチャンバーの一方を湿度100％に飽和させ，他方を10％程度にして，低湿度側のチャンバーの湿度の時間変化を測定することによって水蒸気透過率を求める。その際定量的評価には一般的には標準サンプルを用いる。Mocon 法，Lyssy 法などの測定方法（測定器）があるが，その検出限界はおおよそ，0.001 g（cc）/m^2/day 程度である。商品としてのバリアフィルムの特徴は，バリア性能によって用途があり，性能が上昇すればそれに従い新しい市場（用途）が開けてくる分野である。

　ガスバリア性（ガス透過性）を決めるメカニズムは H_2O，O_2 分子のフィルム基板およびバリアコート層中での拡散現象である。分子の拡散（拡散係数）を決めるのは，拡散媒質に含まれるミクロンあるいはナノレベルの孔や溝を通した物理的な拡散現象とこれらの分子と拡散媒質との化学反応である。従って，ガスバリア性の向上のためには，物理的な拡散現象を抑制するための稠密な原子，分子レベルの構造の制御が求められる。さて，問題はプラスチックフィルム上に蒸着される金属や無機化合物（主に酸化物，窒化物，炭化物）の"稠密性"である。フィルムの耐熱性の限界から，これらの蒸着膜は100～150℃前後の低温で形成される。フィルム表面は一般には平坦性が悪く，これら蒸着膜は，荒れた表面での付着成長的な様式で成長が進んでいると考えられる。荒れた表面に存在するすべてのキンクサイトが原子，分子の取り込み点となって薄膜成長が起こっていると考えられる。成長表面の温度が低温でかつ，荒れているために，表面での原子，分子の拡散も抑制され，島状あるいは樹枝状薄膜が形成されることになる。特にフィルム基板表面に突起物がある場合，ボイドも形成されやすい。従って100～150℃程度の，表面反応が抑制された低温でいかに完全性の高い，稠密で，平坦な膜を成膜するかという問題が，有機 EL グレードの超ガスバリアフィルム開発の中心テーマとなる。この問題はまさに，"ナノテクノロジー"である[1,2]。

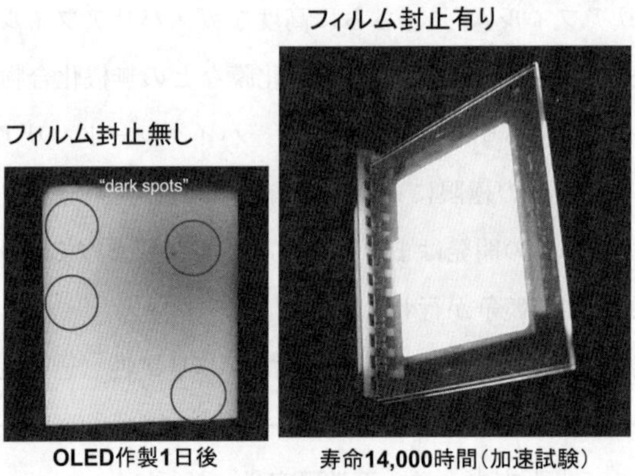

写真1　ガスバリア封止フィルムがない場合（左）とある場合（右）の有機 EL 素子の劣化と寿命の比較

図2には，有機EL用超バリアフィルムに求められる10^{-6} g/m^2/dayの水蒸気バリア性について，それがどのような値なのかを簡単に示している。300 K，湿度50％の大気中の水蒸気の分圧は$p_{H_2O}=3.5$ kPaである。この状態で，バリアフィルムの表面に衝突する単位時間あたりの水蒸気分子数密度は約$2.0×10^{20}$ molecules/cm^2/sである。水蒸気透過率10^{-6} g/m^2/dayのときの水の分子量とアボガドロ数から，フィルムを透過する水分子数は$3.87×10^7$ molecules/cm^2/sである。即ち，約10^{13}個の水分子あたり1個の水分子がフィルムを通過するという，気の遠くなる値である。

2 低温成膜の物理と問題点

従来の真空・薄膜成長はCVD（化学気相成長），PVD（物理気相成長）にかかわらず，基板成長表面での化学反応，表面拡散，核形成，原子取り込みなどの素過程を通して成長を行ってき

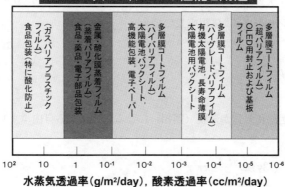

図1 ガス（水蒸気，酸素）バリアフィルムの性能と用途
有機EL用途には最高性能のガスバリア性が求められる。

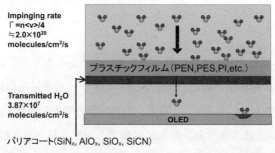

図2 水蒸気透過率（WVTR）10^{-6} g/m^2/dayの説明

た。特に，CVDは基板表面近傍での分子間，分子と基板表面原子（分子）との化学反応を利用するため，反応を促進するための基板加熱が必要である。また，熱的に加熱しない場合でも，光を照射してその化学反応を促進する（光CVD）場合もある。しかしながら，現在その開発が進んでいる有機ELに代表されるデバイスでは，すべてのデバイスプロセスを100℃前後の低温で行うことが必要とされている。これは有機分子の熱分解や光や水，酸素分子との反応を抑制するためである。このような低温では従来の結晶，薄膜成長の枠組みでは理解されない現象が生ずる。いい換えれば，従来の枠組みにとらえられない新しい薄膜成長法が必要とされる。低温とは何℃か？　有機ELやフィルムベースのデバイスではプラスチックフィルムの耐熱温度から200℃以下，有機EL材料の耐熱性から100℃以下などの成膜温度が求められる。従って，ここでは，200℃以下の基板温度での薄膜成長を"低温成長"とよんでおくことにする。結晶成長学の観点から低温成長を考察する。今原子Mからなる薄膜を考える。低温では基板に成長したM薄膜の平衡蒸気圧p_0は低いため，蒸発源の等価的圧力pは相対的に大きくその過飽和比（p/p_0），過飽和度（＝過飽和比マイナス1）は非常に大きな値になる。従って原子Mの過飽和気体に生ずる過剰ケミカルポテンシャル$\Delta\mu$は気相成長の場合，

$$\Delta\mu = k_B T \ln(p/p_0) \tag{1}$$

と求められる。この過飽和気体が薄膜（固相）になることによる自由エネルギー利得は

$$\Delta G(r) = -\Delta\mu(4/3v)\pi r^3 + 4\pi r^2 \gamma \tag{2}$$

となる。ここで，vは原子Mの占有堆積，γは表面エネルギーである。表面エネルギーは単純には固体Mの単位表面あたりのボンドエネルギーの半分の値である。以上より，結晶（薄膜）が成長する臨界半径は

$$r_c = (2\gamma v/\Delta\mu) \tag{3}$$

と求められる。即ち，過飽和度が大きい程，臨界半径が小さくなる。ここで問題となるような200℃以下の低温では蒸着物質である，SiO，Si_3N_4のSiやNの蒸気圧は低く，一般にはその臨界半径は原子サイズそのものに相当する。即ち，結晶成長の臨界半径は実質的に存在せずに，基板に到達した原子Mは下地に存在する原子Mに吸着し薄膜成長を引き起こす。これはいわば，結晶成長の言葉でいえば"付着成長"様式の成長であり，一般には樹枝状（デンドライト）成長

第1章　ガスバリア薄膜技術の基礎

が起こる。これに対して，基板温度が高ければ，表面での原子 M の蒸発も激しく，過飽和比が小さくなる。またそれに加えて成長表面の原子の拡散が起こり，表面原子は表面ステップ上のキンクサイトまで拡散して薄膜に取り込まれる。そのために薄膜は 2 次元的な成長，沿面成長様式を示す。これらの中間では，成長表面上で 3 次元成長が起こるために，薄膜は島状成長をする。この様子を模式化して示すのが図 3 である。この図に示されるように，低温成長では一般に薄膜は島状成長あるいは樹枝状成長様式によって成長する。ここでは述べなかったが，薄膜成長ということからいえば，プラスチックフィルム上の低温成長の難しさは，上記の過飽和度が大きいのみならず，基板そのものの凹凸が大きく，ポリマー部分的に結晶化しているために完全に"荒れた表面"での成長になっていることである。また，この基板の平坦化，清浄化をいかに行うかは，超ガスバリアフィルム開発の中心的課題であるといえる。

先述したように，結晶成長学から見ると，低温成長では成長表面での蒸気圧が，供給される分子等価的な圧力に対して低く，いわゆる過飽和度が高い成長条件になっている。そのために，デンドライト（樹枝状）的な膜になりやすく，またポーラスになりやすい，などの諸現象が起こる。さらに，低基板温度では，基板表面でのすべての化学反応が抑制されるため，①界面化学反応の抑制により，界面層が形成されにくい，②表面での原子，分子拡散が抑制される，③成長フロントでの化学反応が抑制され，成長が抑制される。これらの結果として，マクロな現象としては(1)基板と成長薄膜との密着性の低下，(2)島状成長が起こりやすく，平坦性が低下，(3)成長速度の低下，(4)過飽和度が高い状態で無理やり成長した場合，未反応，非平衡物質が形成され，その結果，大気中に取り出した途端に，空気中の酸素や水蒸気と反応して劣化する，あるいはデバイス作製後に急速に劣化する，などの由々しき事態となる（図 4）。これらの中で特に，密着性の低下と大気中での膜の劣化はシリアスな問題である。

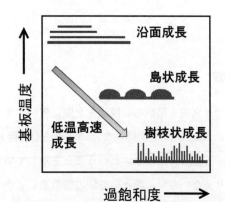

図 3　薄膜の成長様式の概念図
ガスバリア層の成長は一般には，低温でかつ高い過飽和条件で行われる。

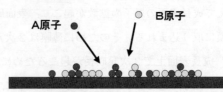

図4　低温成膜の引き起こす問題点のまとめ

　これらの問題を解決するための試みとして筆者らは，二つのことを提案している。一つは，低温で作製されるデバイスの素材として有機物でもない，かといって単なる無機物でもない，有機・無機ハイブリッド薄膜材料[3]を用いること，二つ目は，そのハイブリッド材料の作製法としての有機触媒CVD法[4～8]である。近未来デバイスとしてのフレキシブルデバイスはプラスチックフィルム上に形成されるということを念頭に置くと，フィルムの主成分である，炭素を主成分として，その機能性（発光，電気伝導，絶縁性，ガスバリア性など）を担う無機元素を含む，有機・無機ハイブリッド材料こそが，フィルムとの密着性，柔軟性，安定性を有するものと考えられる。また，有機触媒CVDは筆者らが提案している低温成膜法であるが，最近の研究から，この成膜法が，従来の薄膜成長（結晶成長）の枠組を越えた新しい概念の成長法であるということが分かってきた。特に，低温成膜では堆積する物質の骨格を気相中で形成する必要があり（基板に到達してからでは遅すぎる！），この点で，有機触媒CVDは気相空間の化学反応を制御することが可能である。

3　低温成膜法の比較

　低温成膜法として，ここでは真空を用いる成膜法を念頭に置いて考える。真空成膜法（ドライ成膜）以外にも，インクジェット，グラビア印刷などの印刷法が有機ELには用いられつつある。見方を変えると，決定的で，万能な方法がないということを示している。単一の手法でデバイスを作製するということはありえないので，個々の方法の特徴をしっかりとらえて採用することが大切である。

　低温成膜法を統一的パラメーターで分類するのは困難であり，定性的であるが，図5には成膜

第1章 ガスバリア薄膜技術の基礎

時のチャンバー圧力と成長時の粒子（分子）の温度（運動エネルギー）の2次元で整理している。また，図6には粒子の運動エネルギーとラジカル密度の2次元で分類している。低温成長の場合，基板温度が低いため，すべての反応素過程が抑制される。その基板温度の低下を補うのは，基板表面に到達する原子，分子，ラジカル粒子の運動エネルギーとラジカル性（ラジカル密度）である。運動エネルギーは基板表面に粒子が到達して表面原子の振動エネルギーへとエネルギー変換・散逸されていく。結果として表面原子の移動を助けることになる。また，ラジカルの存在は，表面原子（分子）と到達粒子（原子，分子，ラジカル）間の結合を促進する。図6にあるように，プラズマCVDはラジカル密度で，レーザーアブレーションは粒子の運動エネルギーの大きさで低温化による化学反応の抑制を補っている。金属基板や単なるプラスチック基板でその下地にデバイスがなく，低温で密着性の高い膜を作製するには，スパッタリング，イオンプレーティング，レーザーアブレーションなどが適している。また，デバイスがある場合でも，有機ELのような"ソフトマテリアル"がない場合にはプラズマCVDが用いられる。それに対し，有機ELのようなソフトマテリアルの場合には，よりマイルドな成膜法として触媒CVD（Cat-CVD）が有効である。これらは物質を考えない一般論であり，実際の物質により，適用できる成膜法が限定される場合があり，個々に選択する必要がある。また，当然ながら成膜速度，原料コストも考慮する必要がある。

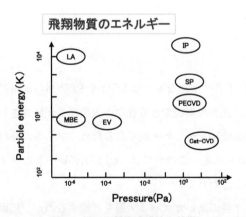 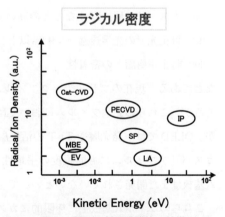

図5　種々の低温成膜法の特徴　　　　　　　　　図6　種々の低温成膜法の特徴
動作真空度と基板表面に到達する粒子のエネルギーで分類。　到達粒子（分子，原子，ラジカル，イオン）
LA＝レーザーアブレーション，IP＝イオンプレーティング，　の運動エネルギーとラジカル密度で定性的
MBE＝分子線エピタキシー，EV＝真空蒸着，SP＝(RF)　　な分類。
スパッタリング，PECVD＝プラズマCVD，Cat-CVD＝触
媒CVD

4 プラスチックフィルム基板とガスバリア層

表1にはガスバリアフィルム基板として用いられる透明フィルム基板の例を示す。ガラス転移温度は約100〜200℃である。フィルム基板自体の水蒸気バリア性は異なっており，フィルム自体としてガスバリア性の良好なフィルムも含まれるが，高いバリア性の薄膜をコートするハイグレードおよび超ガスバリアフィルムにおいては基板のガスバリア性は2次的な効果しかもたない。また光学透過率は100 μmのフィルムで90％程度である。熱膨張係数は問題で，19〜70×10^{-6}と大きな値になっている。この値は，被膜するガスバリア薄膜と比較すると10〜100倍程度の大きさになっており，ガスバリア層の被膜によるフィルムの変形を引き起こすことになる。有機EL対応の超ガスバリアフィルムとしてはバリア性と共に光学的透明性なども必要となる。フレキシブルOLEDを念頭に置いて，超ガスバリアフィルム用基板フィルムに求められる性能としては

(1) 耐熱性：ガラス転移温度，融点，150℃以上
(2) 平坦性：表面粗さ（Ra値），2 nm以下
(3) 低線膨張係数：50 ppm/℃以下
(4) 低吸湿性
(5) 低脱ガス
(6) 加熱による表面形状の変化（荒れ）が少ない
(7) 耐酸性，耐アルカリ性
(8) ガスバリア層，ITOなどとの高い密着性
(9) 可視光での光学透過率：90％以上
(10) 封止用樹脂との密着性

などである。現在のプラスチックフィルムのハイスペックなものはLCDやPDPパネル用途であるが，これらの光学フィルムにおいては波長に比べて無視できる程度の表面粗さが許容されるが，OLEDでは，発光層やTFTの活性層の厚みは10 nmスケールであるため，フィルム基材やガスバリアフィルムにも同程度の平坦性が求められる。この点では，OLEDグレードのフィルム基板はまだ開発されていないといってもよいと思われる。

これらのフィルム基板上に極限的にガスバリア性の高いガスバリア層を形成するのが，超ガスバリア技術である。図7には，模式的にガスバリア層の特徴を示す。バリア層の構造が，先述の低温成長の特徴をまさに備えているときには，バリア層は不均一，低密度，島状に成長しており，島と島の間を水蒸気が通過してしまうために，高い水蒸気透過率（WVTR）を示す。それに対し，成膜の工夫をして，均一，高密度，平坦なバリア層を形成することができれば，非常に低い

第1章　ガスバリア薄膜技術の基礎

WVTRの値を得ることができる。

　ここで，簡単に，基板フィルム上にガスバリア層を形成した場合のバリアフィルムとしての水蒸気透過率（拡散係数）について述べておこう．図8に示すように，ここではバリア層側から水蒸気が侵入してくる場合を考える．それぞれの層の水分子の流れをJ，拡散定数をDとすると，図8に示すように，拡散定数の小さい物質によって律速されることが分かる．即ち，水蒸気が透過するフィルム基板でも，ハイガスバリア層を形成すれば，高いバリアフィルムが得られるということになる．

表1　ガスバリアフィルムに用いられる各種フィルム基板とその物性値

Films	Tg (C)	Tm (C)	WVTR (g/m²/day)	Optical transmittance, %	Linear expansion coef., 10^{-6}
PC	150〜160	—	50 (100μm)	90 (100μm)	70
PET	110	258	5.8 (100μm)	90 (100μm)	31
PEN	155	269	1.4 (100μm)	87 (100μm)	19
PES	223	—	124 (100μm)	89 (100μm)	56
PCTFE	—	215	0.1〜0.22 (100μm)	96 (100μm)	45〜70
ZEONEX	163	—	0.895 (MDF)	92 (100μm)	60

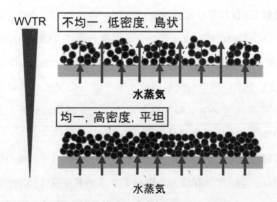

図7　ガスバリア層の原子的構造と水蒸気透過率の関係についての模式図

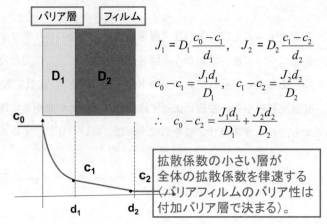

図8　フィルム基板上にガスバリア層を形成した場合の実効的な拡散定数

5　有機触媒CVD法によるガスバリア層の形成

　我々はプラズマCVDとCat-CVDを融合したプラズマアシスト有機Cat-CVD装置（P-Cat-CVD MD 501型）を用いてバリアフィルムの開発を行っている。成膜プロセスとしては，まず，プラズマアシスト有機Cat-CVD装置を用いた，リモートRFプラズマCVD法により，フィルム基板の清浄化と活性化を行う。次にアルキルシランとエチレン系有機化合物モノマーとのプラズマ共重合によるハイブリッドポリマーをバッファー層として形成し，フィルム基板とバリア層との密着性を向上させる。このハイブリッドポリマー層の上にハイバリア層としてSiCN層を形成する。このSiCN層は基本プロセスとしてはモノメチルシラン（ここでは1MSとよぶ）とアンモニアを原料としている。一般に，バリア材料としてSiN_xが多く用いられているが，SiN_x自体はセラミックス材料なので，固く，内部応力が大きく，成膜後にフィルムが変形しやすい。我々はSiCNの3元系アモルファス膜を用いているために応力の制御ができているものと考えている。一方，触媒CVDは熱フィラメントを用いるため，フィラメントの輻射熱による基板の加熱が避けられない。そのため，フィラメント温度を下げ（1200〜1500℃），フィラメント-基板間距離，dsfを大きく（例えば150 mm程度）している。ただし，フィラメント温度を下げると，Wが酸化，炭化しやすいので，成膜中に水素を流してフィラメントの劣化を防ぐ必要がある。また成膜後に，Wフィラメントのアウトガス，フッ素系エッチングガスを用いたチャンバー，フィラメントのクリーニングなどが必要である。

　図9に示すのが，有機触媒CVD法により形成する基本的なバリア膜の構造である。バリア層は3層構造になっており，すべて，有機・無機ハイブリッド薄膜材料で形成されているところに特徴がある。また，通常のプラズマCVDと異なり，シランガスをCVD原料に用いていないた

め，安全かつ除害コストを大幅に低減できる点が優れていると思われる。バリア層はハイブリッドポリマー（50 nm）/SiCN（100〜200 nm）/ハイブリッドポリマー（50 nm）/フィルム基板の3層（全体の膜厚200〜300 nm）が基本である。フィルム基板上のハイブリッド膜はフィルムとバリア膜との密着性の向上のためのバッファー層であり，リモートRFプラズマCVDによる共重合膜である。SiCN層は有機Cat-CVDで作製する。ただし，基板が有機ELデバイスの薄膜封止の場合はSiNC層もリモートRFプラズマ法で形成する場合もある。現状ではプラズマCVDで形成するSiCNには水素が多く混入するので，大気中で酸化することによって膜中にナノスケールの穴（ナノボイド）が形成され，水蒸気バリア性が劣化するものと思われる。そのため，触媒CVD成長SiCN膜の方が，大気中での安定性がよく，バリア性もよい。図10にはSiドープポリエチレンハイブリッドポリマーのFTIRスペクトルを示す。図中には，市販のポリエチレン（LDPE）のFTIRスペクトルを比較のために示す。強度やピーク形状は異なるが，プラズマ重合ポリエチレン膜には2800〜2900 cm^{-1}付近のピークが観察されており，またSiドープポリエチレンには800 cm^{-1}付近のSi-C結合によるFTIRピークも観察されている。本来プラズマ重合ポリエチレンは融点も低く球状になりやすいが，筆者らの研究では，Siドープポリエチレンは平坦な薄膜になっている。

6 ガスバリア性を決める因子の検討

6.1 両面コートガスバリアフィルムの必要性

図9に示したようなガスバリアコートを形成したガスバリアフィルムの水蒸気透過率（WVTR）を測定すると，10^{-3} g/m^2/day 未満の値を得ることができる。しかしながら，バッチ方式でバリアフィルムを作製する場合，同様な条件でバリアフィルムを作製してもWVTR値が変動することがある。この場合，フィルム基板の片面に厚いバリア層を形成するのも一つの考えであるが，フィルムの両面にバリア層を形成する方が，より信頼性のあるガスバリアフィルムと

第1層：フィルムへの密着層（Siドープハイブリッドポリマー）
第2層：ハイバリア層（SiCN）（有機触媒（Cat）CVD）
第3層：全体の保護層（Siドープハイブリッドポリマー）

図9　有機触媒CVD法で形成するバリアフィルムの基本構造

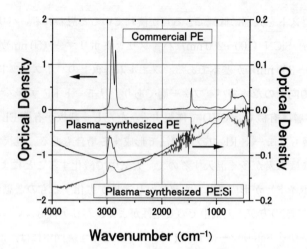

図10　SiドープポリエチレンハイブリッドポリマーのFTIRスペクトル

比較のために市販のポリエチレン（LDPE）のFTIRスペクトル，プラズマ重合ポリエチレン膜のFTIRスペクトルを示す。Siドープポリエチレンにはポリエチレン（LDPE）に特徴的な2800～2900 cm^{-1}付近のピークに加えて，800 cm^{-1}付近のSi-C結合によるFTIRピークも観察されている。

なる。また，別の現象として，フィルム基板自体の吸水性と水分子の拡散の問題がある。図11にはPENフィルム上に先述の3層構造のバリア層を形成してWVTRをLyssy法で測定した例である。徐々にWVTRは悪く（大きく）なって，1日半程度で飽和値に達する。しかし測定をさらに続けると，2日半あたりで急激にWVTRが増大する。この現象は，PEN自体が吸水性があり，また水分子がPENフィルムに拡散していく，そのフィルム内部の水分子は，PENフィルムとバリア層の界面に達し，それ以上の拡散が抑えられるために，PENとバリア層の界面に水分子が蓄積する。この水分子でPENフィルムが膨張するために，PENとバリア層の界面に歪エ

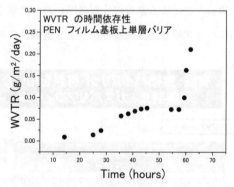

図11　PENフィルムの片面に3層バリア構造を形成し，Lyssy法でWVTRを測定した例
2.5日あたりから急激にWVTRが増大している。

第1章 ガスバリア薄膜技術の基礎

ネルギーが蓄積し，その結果バリア層が破壊されるものと考えられる。この現象は，水蒸気濃度の高い側と低い側の両面にバリアコートをする必要があることを示している。

6.2 SiCN層の構造・組成最適化

有機触媒CVDを用いた超ガスバリアフィルムの開発ではアモルファスSiCNを基本的なガスバリア材料として用いている。図12にはSiCNH材料の模式的な原子構造を示す。実用材料自体はアモルファスなので，この図は結合様式の理解のための図であると考えていただきたい。図には$SiCNH_3$，$SiCN_2H_4$の2種の模式図が示されている。これらの構造モデルを念頭に，現在，XPS，FTIRなどによる原子構造の検討を行っている。

図13は1MSとNH_3との流量比と膜組成の関係を示している。組成比N/Siは流量比NH_3/1MSが25以上ではほぼ飽和している。これに関係して，バリア性も流量比NH_3/1MSが25以上必要となる。概算で，Si：(N+C)＝1.0程度になり，H/Si＝0.3になっているものと思われる。SiCN層の可視領域での吸収係数は500 cm^{-1}以下であり，透明性は良好である。ガス（H_2O，O_2）バリア性を測定すると，流量比NH_3/1MSが25以上であれば，ほぼバリア性が発現することが分かっている。

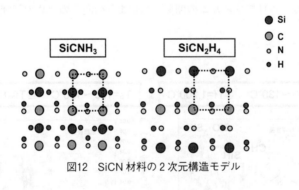

図12 SiCN材料の2次元構造モデル

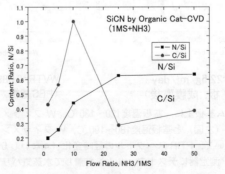

図13 SiNCの組成と流量比NH_3/1MSの関係

6.3 水素の含有量の低減と最適化

さて、問題はフィルムの上に形成した、SiCN層のガスバリア性をあげられるか、という問題である。図14にはそのような試験結果を示す。用いた基板はPES基板で、(1)基板温度120～130℃、Wフィラメント温度1200℃（モニター温度）と(2)基板温度180～190℃、Wフィラメント温度1350℃の場合について、FTIRスペクトルの経時変化（4ないし6日後）と、成膜直後にガスバリア測定器にかけて水蒸気バリア性を測定した結果を示す。(1)の低温成膜の場合、FTIRスペクトルでは2100 cm^{-1}付近に明確なSi-H結合が観察され、4日後には1100 cm^{-1}付近のSi-Oの吸収ピークが現れ、WVTRも22.5 g/m^2/dayと悪い値である。それに対して、(2)の高温成膜では、Si-Hの吸収も小さく、FTIRスペクトルの経時変化も少なく、バリア性も0.089 g/m^2/dayと大きく改善している。このようにSi-N系のガスバリアフィルムのバリア性を大きく左右する因子としては膜中のSi-Hボンドの量である。従来いわれてきた、Hがダングリングボンドを消す、あるいは膜の内部応力を低下させるという議論はガスバリア性にとっては有効ではないと思われる。この点で、従来のプラズマCVDによるSiN$_x$膜のガスバリア性をチェックする必要があるのではないかと考えている。この点では、有機触媒CVDで形成するSiCN材料は水素の低減によっても、内部応力の低減ができ、透明性も維持できるため、優れたバリア材料であるといえる。ガスバリア性としてはLyssy法の測定限界である5×10^{-4} g/m^2/day以下の値を得ており、さらに高度な超ガスバリアフィルムの開発と歩留まりの向上のための研究開発を進めている。

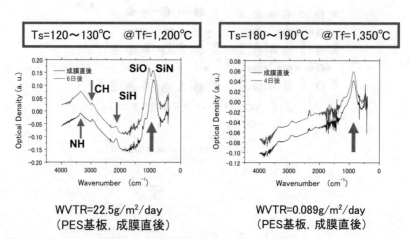

図14 PESフィルム基板上に、基板温度120～130℃、Wフィラメント温度1200℃（モニター温度）（左図）と基板温度180～190℃、Wフィラメント温度1350℃の場合（右図）について、FTIRスペクトルの経時変化（4ないし6日後）と、成膜直後にガスバリア測定器にテストフィルムを装着して水蒸気バリア性を測定した結果 高温で形成したフィルムのガスバリア性が優れている。

6.4 超ガスバリアフィルムをめざして

　SiCN系バリア材料のガスバリア性の向上のためには水素含有量の低減と最適化が必要である。筆者らは，有機触媒CVD法における，フィラメント温度，基板温度の最適化が決定的に重要であると考えている。図15にはPENフィルムの両面に500 nmのSiCNの単層膜を形成したバリアフィルムのWVTRを示す。有機触媒CVDのWフィラメント温度の関数としてWVTRを示す。図に示すようにWVTRはフィラメント温度に非常に敏感であり，約20℃のフィラメント温度の変化でWVTRがほぼ一桁変化しているのが分かる。

　また，Si系のバリアフィルムであれば，バリア性の良否はほとんど，Si系膜の大気中での酸化反応で決まっているものと考えられる。そのために筆者らはバリア膜の成膜直後と1週間，1ヶ月，あるいは1年後のFTIRスペクトルを観察し，その酸化＝劣化特性をチェックしている。図16にはSiウエファー上に成膜温度約200℃で形成した，SiCN膜の成膜直後のFTIRスペクト

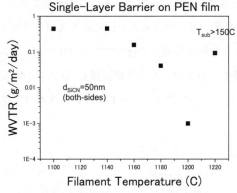

図15　PENフィルムの両面に500 nmのSiCNの単層膜を形成したバリアフィルムのWVTR，有機触媒CVDのWフィラメント温度の関数としてWVTRを示す

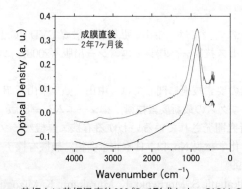

図16　Siウエファー基板上に基板温度約200℃で形成した，SiCNのFTIRスペクトル
　　　成膜直後と2年7ヶ月大気中で保存した同一試料のFTIRスペクトルの比較。
　　　ほとんど劣化（酸化）していない。

ルと同一サンプルを大気中で2年7ヶ月保存した後のFTIRスペクトルを比較している。これから分かるように，ほとんどスペクトルが変化していない。このような膜の水蒸気透過率（WVTR）は，超バリアフィルム領域にあると思われる。この劣化しないサンプルの特徴は，2100 cm^{-1}付近のSi-H結合によるピークがほとんど見えないことに起因している。即ち，Si系のバリア層の劣化（バリア層が低くなる）原因はSiと結合したHが多く存在すると，大気中の酸素が取り込まれ，ほぼ自動的にSi-O結合に変化する。その際，Si-OあるいはSi-O-Si結合によるボンド長の増大によってナノボイドが形成されるために，水蒸気バリア性が低下するものと思われる。今後，多層構造の最適化，より耐熱性の高いフィルムの採用により，超ガスバリアフィルムの開発も時間の問題であると考えられる。

7　まとめ

　本稿では，本書の導入として，ガスバリアフィルム開発の諸問題と，筆者らが有機触媒CVDを用いて開発しているSiCN系バリアフィルムを例に超ガスバリアフィルム開発のガイドラインを記述した。一方，このような研究開発と並行してガスバリアフィルムの製造技術の開発が焦眉の課題である。筆者らは現在，真空ロール型有機触媒CVD装置の開発を進めており，一日も早く，SiCNベースのハイグレードバリアフィルムおよび超ガスバリアフィルムの商品化を進めたいと考えている。

文　　献

1) ガスバリアフィルムについては，中山　弘監修，触媒CVD（Cat-CVD）の新展開―ラジカルを用いる新プロセス技術―，㈱シーエムシー出版（2008）にいくつか関連レビューがある
2) バリアフィルム関連の要素技術に関しては，中山　弘，中山正昭，小川倉一監修，フィルムベースエレクトロニクスの最新要素技術，㈱シーエムシー出版（2008）を参照
3) 高分子化学分野で研究開発されているいわゆる有機・無機ハイブリッド材料については，例えば，中條善樹，化学総説 No. 42，日本化学会編，無機有機ナノ複合物質，㈱学会出版センター，p. 75（1999）
4) H. Nakayama, K. Takatsuji, S. Moriwaki, K. Murakami, K. Mizoguchi, M. Nakayama, *Thin Solids Films*, **430**, 309-312 (2003)
5) H. Nakayama, K. Takatsuji, K. Murakami, N. Shimoyama, H. Machida, *Thin Solids Films*,

第1章 ガスバリア薄膜技術の基礎

430, 87-89 (2003)
6) K. Takatsuji, H. Nakayama, M. Kawakami, Y. Makita, K. Murakami, N. Shimoyama, H. Machida, *Thin Solids Films*, **430**, 116-119 (2003)
7) H. Nakayama and T. Hata, *Thin Solid Films*, **501**, 190-194 (2006)
8) T. Hata and H. Nakayama, *Thin Solid Films*, **516**, 558-563 (2008)

第2章　低温真空成膜技術

1　スパッタ法

植田吉彦*

1.1　はじめに

　液晶ディスプレイ（LCD）や有機ELディスプレイ（OLED）のフラットディスプレイ，薄膜太陽電池，半導体部品，光学部品などの装置部品にガスバリアフィルム，保護フィルム，反射防止フィルム等の機能性フィルムが使用されている。しかし，ハイグレードガスフィルム（WVTR＝0.01～0.0001 g/m^2/day）については，フィルムメーカー，デバイスメーカー等の関係企業，研究者で，膜種，膜構成，膜特性と製造方法・装置について，研究開発がすすめられている。研究成果の一部について，特許出願，研究報告がされている[1,2]。

　フィルムへのガスバリア膜の成膜方法については，真空蒸着，プラズマCVD，スパッタリングなど真空中での成膜技術，大気or真空中で有機ポリマーの硬化膜作製技術と組み合せて，目的性能を実現させる種々の方法が提案されている。本節では，スパッタリング技術についての課題・問題点と最近の技術動向について述べる。

1.2　検討課題

1.2.1　ガスバリア膜の実用化にあたっての検討課題について

① 作製する膜の検討課題
・膜種；膜構成（積層数・積層膜構成　等）
・膜特性；ガスバリア性（水蒸気透過度，酸素透過度），透明性，耐酸化性，屈折率　等
　　　　　表面平滑性，密着性，安定性（経時変化が小さい）等
② 材料（フィルム）の検討課題[3]
・耐熱温度，熱線膨張係数，表面平滑性，光透過率，屈折率　等
③ ロールシステムの検討課題
・張力コントロール，成膜面とガイドロールとの接触，主ロールと基材との密着性
・基材成膜面と基材との接触，主ロールの冷却性能　等
・生産性（処理基材の長さ，幅）等

＊　Yoshihiko Ueda　㈱大阪真空機器製作所　堺技術部　真空装置グループ　専門技師

第 2 章 低温真空成膜技術

成膜技術であるスパッタ法は，上記①〜③に密接に関係していて生産設備を実現する為には相互に関連する課題を検討する必要がある。

1.2.2 膜種

ガスバリア膜として，主に無機膜をスパッタリング，CVD，真空蒸着で作製する。無機膜の膜種としては，下記の膜種の採用が検討されている。詳細は，本書の関係章を参照下さい。

① シリコン酸化膜（SiO_x），シリコン窒化膜（SiN_x），シリコン酸窒化膜（SiO_xN_y），シリコン炭化膜（SiC_x），シリコン酸化炭化膜（SiO_xC_y），シリコン窒化炭化膜（SiC_xN_y）等
② アルミニウム酸化膜（AlO_x），アルミニウム窒化膜（AlN_x），アルミニウム酸窒化膜（AlO_xN_y）等
③ チタン酸化膜（TiO_x），チタン酸窒化膜（TiO_xN_y）等
④ ITO 等

各種金属酸化膜・窒化膜をスパッタリングする場合には，酸化物ターゲット，窒化物ターゲットを RF スパッタ法で成膜することができるが，生産性（成膜速度），膜組成の制御性，プラズマダメージ等から，金属ターゲットを用いた「反応性スパッタリング」が主流となっている。（「反応性スパッタ」については第 1 編 3 章 1 節を参照下さい。）

1.2.3 スパッタ成膜法

基材である高分子フィルムあるいは高分子フィルムに成膜されている有機物薄膜の上に膜作製するので，基材及び下地膜の有機膜にダメージ（変形，変質，膜の割れ，剥離等）を少なくしてかつガスの透過をおさえる為に緻密な膜を作製できるスパッタ法が必要になる。

また実用化にあたっては，生産性の観点から一定水準以上の成膜速度が必要であると共に，長時間の安定放電とプロセスの再現性が重要である。実際の装置としては，装置の稼動率の面から，ターゲット交換が簡単に作業できる等の装置メンテナンス上，スパッタカソードの構造がシンプルであることも必要になる。上記の要件を表 1 に示す。

1.3 低温・低ダメージ成膜

スパッタ法による低温・低ダメージ成膜を検討する上で関係する項目をあげる。

(1) カソード及び装置構造
① スパッタ粒子のエネルギー

スパッタ粒子のエネルギーは，数〜100 eV で真空蒸着（0.1〜1 eV）の約100倍（付着力，膜特性の面からは，ある程度のエネルギーは必要）
② γ電子・負イオン及び反跳アルゴン等の基板への流入・衝撃
③ ターゲット表面及び周辺部品からの熱輻射

最新ガスバリア薄膜技術

表1 スパッタ法の必要な条件

(1) 低温	・使用する基材（高分子フィルム）の許容耐熱温度以下で成膜可能 ・下地膜の膜組成・膜特性に与える影響が許容できる温度以下で成膜可能
(2) 低ダメージ	・使用する基材・下地膜の特性・組成に与える影響が許容できる ・アーク発生がない or アーク発生があっても膜特性に与える影響が許容できる
(3) 膜性能[注]	・要求される膜機能（ガスバリア性，透明性，耐酸化性 等）を実現できる ・付着力，平坦性，膜応力 等要求される条件を満足する
(4) 生産性	・大面積に均質な成膜が可能 ・長時間連続成膜が可能（長時間安定放電可能，放電に経時変化がないこと） ・プロセスの再現性が確保できる ・ターゲットの変換が容易 ・基材へのパーティクル付着がない or 少ない
(5) ロールシステム	・多層膜作製対応 ・張力コントロール

注) 現状はスパッタ法単独で製品レベルの膜性能実現は困難で，他の成膜法（CVD，プラズマ重合他）と組み合わせた積層化が研究されている。

④ アーク発生

特に酸化物成膜の場合に，ターゲット表面の非エロージョン領域に生成する酸化物表面からのアーク発生が問題になる。

⑤ アノード消失

反応生成物（酸化物，窒化物）の付着によるアノード面の消失。経時変化を伴うので，長時間安定放電及びプロセスの再現性から重要。

(2) プロセス条件

① 成膜速度，成膜時間

② プロセス時圧力

有機EL素子の電極膜・保護膜に関するスパッタ法の適用に関しては数多くの研究報告・特許出願が発表されている。その成果は本目的と共通部分が多いので，利用可能性が高い。見直し及び洗い出し作業が必要と考えられる。

1.3.1 スパッタ粒子のエネルギー低減

スパッタ粒子のエネルギーを低減する方法としては，

(a) 放電電圧を下げる

(b) スパッタ時の圧力を上げて，スパッタ粒子と雰囲気ガスの衝突を利用して，基板に到達するスパッタ粒子のエネルギーを低下させる（熱平衡化）

低電圧化することで，上述の負イオン・反跳アルゴンなどの高エネルギー粒子の基板への流入量，エネルギーも低減する。

第2章 低温真空成膜技術

表2 低電圧化の方法

(1)	磁場を強化	・平行平板マグネトロンでは，ターゲット面上5mmの位置で平行磁場強さ0.025～0.04 T（250～400ガウス）程度→1.5～2倍強くする。 ・ターゲットのエロージョン分布は検討要。
(2)	DC＋RF～VHF重畳	・DC電源の他に重畳用のRF～VHF電源必要。 ・DC電源にRF～VHF保護対策必要。
(3)	圧力をあげる	・プロセス圧力を通常より1桁以上高い圧力13～133 pa（0.1～1 Torr）にする。→ガスフロースパッタ法[注] ・膜質・膜特性への影響は検討要。
(4)	電子の供給	・放電領域に電子を供給。例えば熱電子の導入→3極・4極スパッタ法参考。 ・放電領域の磁場分布・磁場強度と電子の運動の関係は検討要。

注）ガスフロースパッタ法，DC＋RF～VHF重畳については文献4～6）を参照下さい。

低電圧化の方法として，考えられる方策を表2にあげる。

1.3.2 γ電子・負イオン・反跳アルゴン等高エネルギー粒子の入射及び輻射熱負荷対策

(1) 平板マグネトロンカソードと基材の配置関係

通常，平板マグネトロンは，ターゲット面と基板が対向した配置をとる（図1(a)）。ターゲット面上の磁界構成から磁力線を発生している磁極に対応した位置では，γ電子の閉じ込め効果が弱く基板に入射し温度上昇をひき起すだけでなく，膜特性・膜組成に影響を及ぼす。負イオン・反跳アルゴンの入射量も大きい。またアーク発生した場合，基板－ターゲット面の正対配置から，その影響が直接基板にあらわれる。同じ理由でターゲット表面からの熱輻射による熱の流入とアースシールド等の周辺部品からの輻射熱の影響も考えられる。特に生産設備では，生産性の観点から成膜速度を確保する為に投入電力を大きくする。しかし熱負荷や高エネルギー粒子の入射量は投入電力に比例して大きくなり，基板温度上昇，膜応力の増大等をひき起す為，ダメージの

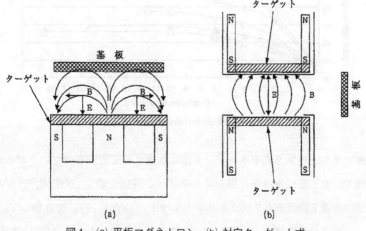

図1 (a) 平板マグネトロン，(b) 対向ターゲット式

面から投入電力が制限される。その結果，要求される製品膜厚を確保するためにフィルムの搬送速度を低くおさえなければならない。

　平板マグネトロンの長所（プラズマ密度が高い，高速成膜可能，大面積成膜対応等）を生かして，低温・低ダメージ成膜が可能な対策として，ターゲット−基板の幾何配置の関係を検討することが考えられる。

　図2に平板マグネトロン（T/S＝120 mm）と平板マグネトロン2式をターゲット2枚が平行になる様に対させた対向型マグネトロンカソードにおいて，膜厚480 nmのITO膜を成膜した場合の基板温度上昇の経過を示す[7]。

　2式の平板マグネトロンを対向型に配置した方が低温成膜であることがわかる（T/S＝95〜185 mm）。しかし同じ膜厚480 nmを成膜する成膜時間を比べてみると，5 min（T/S＝120 mm）vs 11.5 min（T/S＝125 mm）で，約2倍時間が長くなっている。実用化の為の生産設備を考えると，低温・低ダメージを確保して，できるだけ成膜速度を大きくしたい。

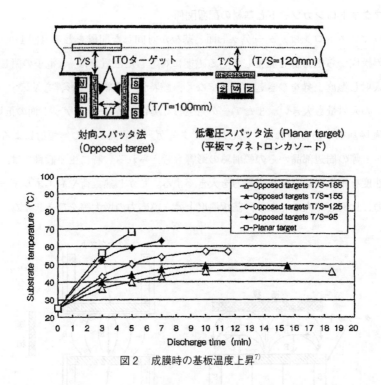

図2　成膜時の基板温度上昇[7]

　図2は，平板マグネトロン2式をターゲット面を垂直にして対向させているが2式の対向角度を変えて，有機EL素子に保護膜を作製して，ダメージ評価を測定した研究例[8]がある（図3）。ダメージ評価は，有機EL素子のフラットバンドシフト（|Vfb|（V））で評価している。

　表3のダメージ評価の測定値から，ターゲット面を垂直方向（$\theta=0°$）に対向させた場合には，

第2章　低温真空成膜技術

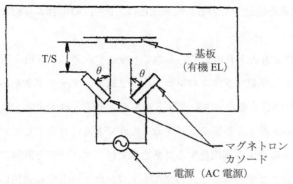

図3　装置概略図[8]

反応性交流マグネトロンスパッタ装置
ターゲット：Si, 反応性ガス：N_2
プロセス圧力：0.4 Pa, Arガス：30 sccm, N_2ガス：20 sccm
投入電力：1 kw

表3　ダメージ評価測定値[8]

	距離（mm）(T/S)	角度（度）(θ)	成膜速度（Å/min）	フラットバンドシフト |Vfb|（V）
実施例4	150	30	618	0.2
実施例5	150	45	730	0.3
実施例6	150	70	855	0.5
比較例3	150	0	505	0.1
比較例4	150	90	1000	2.0

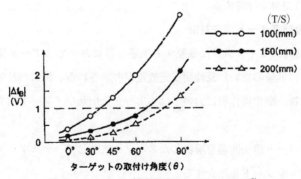

図4　ターゲット対向角度 vs ダメージ評価[8]

プラズマダメージ（|Vfb|＝0.1）は非常に小さいが，成膜速度は505 Å/min ターゲット面と基板を正対（θ＝90°）させた場合には，成膜速度は約2倍の1000 Å/minとなるが，ダメージが|Vfb|＝2となり，膜特性にダメージを与えている。

本研究では，許容ダメージは|Vfb|＝1以下と判定しているが，T/S＝150 mmの場合θ＝

30°～70°で，この基準を満足している。成膜速度は，$\theta=0°$の場合より約1.2～1.7倍と改善されている。

　AC交流マグネトロン方式を利用しているので，後述するアノード消失問題をクリアーして安定放電が得られている。平板マグネトロンカソード2式で，ターゲットをある角度（本研究例では$\theta=30°$～70°）で対向させると，ターゲットからのγ電子・負イオン・反跳アルゴン等の高エネルギー粒子が基板へ入射する影響を低減することができることを示している。

　バリアフィルムの生産設備を実用化するにあたっては，ダメージを許容できる範囲におさえて成膜速度を大きくすることができる2式のマグネトロンカソードを基板側に拡げて対向配置する本方式は利用できる。対向角度については要求される膜種，ガスバリア性能と生産性（成膜速度）等から検討する必要がある。図4に示す様にターゲット－基板間距離（T/S）も，成膜速度とダメージに関係する設計条件である。

(2) 対向ターゲット式スパッタ法

　図1(b)に示す様に，ターゲットと基板が対向（正対）していないのでマグネトロン方式に比較すると，基板に対するγ電子・負イオン・反跳アルゴンの衝撃（プラズマダメージ）及びターゲット表面からの輻射熱の流入がほとんどないので低温・低ダメージで成膜が可能である。

　平板マグネトロンに比較すると，成膜速度は約1/2以下で，生産用設備に使用する場合には，生産性を改善する必要がある。

　改善対策として，基板側に対向角度を拡げて配置して成膜指向性を持たせることにより，従来の平行対向の場合より成膜速度が大きくなる[9]。更にアノードとプラズマ閉じ込め効果を強化した改良型については1.3.4で詳述する。

1.3.3　アーク発生及びアノード消失対策

　数百～数千mの基材（フィルム）に成膜する生産装置においてはアーク発生のない（発生があっても基材の成膜に影響のない）長時間安定放電が要求される。特にバリア膜として，主要構成膜である金属酸化物，窒化物作製においては，アーク発生及びアノード消失に伴う異常放電が起き易い。

　アーク発生及びアノード消失問題を解決したスパッタ法として，デュアルターゲットスパッタ法と回転マグネトロンカソードを紹介する。

(1) デュアルターゲットスパッタ法

　2枚のターゲットを用意して，1対のターゲットとして正負の電位を交互に印加すると，一方のターゲットがアノードとして作用する為，ターゲット面積に対応したアノード面積が確保される。従って生産装置用の大面積ターゲットのカソードでも，長時間安定放電が実現できる。カソードとしてマグネトロンカソードが用いられるので，デュアルマグネトロンスパッタ法（DMS

第2章　低温真空成膜技術

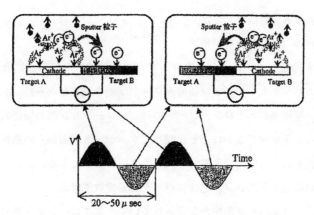

図5　デュアルマグネトロンカソードの放電状況[11]

法）と呼んでいる[10]。デュアルマグネトロンカソードの放電状況を図5に示す[11]。

DMSは第6世代以降のFPD用大型基板の透明導電膜，電極膜の生産用設備として稼動実績が多数ある。

デュアルマグネトロンカソードについてエロージョン領域の均一化，膜厚分布の均一化，低電圧化等の目的でカソード構造，ターゲット面上の磁場分布磁石ユニットの揺動等の改善工夫が特許として多数出願されているので，検索参照下さい。基材幅の大きい，処理長さの長い高分子フィルム用ロールシステムでガスバリア膜を作製する生産用設備のスパッタカソードとして採用できるスパッタ法である。実際にガスバリア膜作製のカソードとしての適用が検討されている[12]。

(2)　回転マグネトロンカソード（ロータリカソード）

回転マグネトロンカソード（ロータリカソード）の構造を図6に示す。

本カソードは，プラズマ閉じ込め用の磁場を発生するマグネットは固定されていて，円筒形状

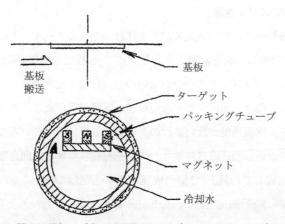

図6　回転マグネトロンカソード（ロータリカソード）

のターゲットが回転する。特徴としては,

① 冷却効率が良い（輻射熱負荷対策）

ターゲット全体を冷却していることにより，スパッタ領域の熱負荷が拡散される。またターゲット回転によりスパッタエロージョン領域がターゲット全域にわたる為，ターゲットの温度上昇がおさえられる。平板マグネトロンカソードの様にエロージョン部の局部的な加熱は少ないカソードである。従って平板マグネトロンと比較してターゲット表面からの熱輻射量は小さくなるので，基板温度上昇をおさえて，投入電力を大きくすることができる。

② ターゲット利用効率が高い（反応性スパッタの安定放電対応）

平板マグネトロンではスパッタ領域が限定されていて，非エロージョン領域が存在する。ロータリカソードでは，ターゲットを回転させているので，両端部を除いてターゲット全面が均一にスパッタされる。ロータリカソードのターゲット利用効率は約70%以上になり通常の平板マグネトロンカソードの約2倍である。

バリア膜の主流となる酸化物，窒化物膜作製は反応性スパッタ法を使用するが，非エロージョン領域が両端部に限定されるので，ターゲット面上の酸化物，窒化物の生成が平板マグネトロンの場合よりも少ないので，安定放電が得られる[13]。

ロータリカソードをDMS法の様に，2式のロータリカソードにAC電源を用いてデュアルロータリカソードの構成にすることもできる。非スパッタ部を含めてターゲット全体がアノードとして作用するので，安定したアノード機能が得られる。大面積基板（例えば，建築用ガラス，LCD用ガラス基板）の成膜用途では日本よりも欧米で利用されている[14,15]。

普及にあたっては，ターゲットの加工費が高い，円筒ターゲットとして成型できない材料がある等課題が徐々に解消されつつある。金属の酸化物・窒化物の膜が主流であるバリア膜の生産装置への適用は検討する価値は大きい。

1.3.4　MHV, N-MHVスパッタ法

図1(b)に示している対向ターゲット式スパッタ法は，2枚のターゲット間に高密度プラズマを発生させ，プラズマの外側に基板を配置することで10^{-2}pa程度の高真空領域まで低温・低ダメージ成膜を達成している。プラズマダメージがないので，合金や化合物ターゲットを使用して合金や化合物薄膜を作製する場合，組成ずれのない緻密な薄膜が得られる。カソードの構造上，平板マグネトロンと比べて，成膜速度が低い2枚のターゲットを使用しているので，ターゲットの利用効率が低い等の課題があった。改良対策として，基板成膜面側に対向角度を拡げて配置することにより従来方式と比較して約1.5～2倍の成膜速度を達成している。この傾斜型対向ターゲットスパッタ法をMHV（Magnetic Hollow cathodes sputtering V type）と呼称している。MHVを用いて5μm厚さのポリイミドフィルムにNi薄膜を540nm成膜した研究[16]では，基板温度

第2章 低温真空成膜技術

100℃以下（約75℃）の低温成膜で，フィルムの変形もほとんどないことが確認できた。平板マグネトロンでは，同じ膜厚を成膜すると基材の温度が180℃以上に上昇し変形する（写真1）。

更にアースシールドに外部磁石を追加してアノード機能を向上させると共に，プラズマ閉じ込め磁場を強化したN-MHV法が開発されている[17]。

この方式はMHV法より更に低電圧化と投入電力増大を実現した生産設備に対応したスパッタカソードになっている（図7）。

N-MHV法を用いて，DC反応性スパッタリングによるAl-N膜の研究[18]の一部を紹介する。

図8にN_2ガス流量比（R_N）を変化させた場合の放電特性を示す。

N-MHV法では，N_2ガス導入を開始すると，放電電圧が低下する。低温・低ダメージ成膜の条件である低電圧化が実現できる。得られる薄膜組成がR_NとI-Vの関係から決定できる為，組成コントロールに利用できる。

厚み25μmの耐熱性ポリイミドフィルムにAl-N膜作製サンプル例を示す（写真2）。膜応力

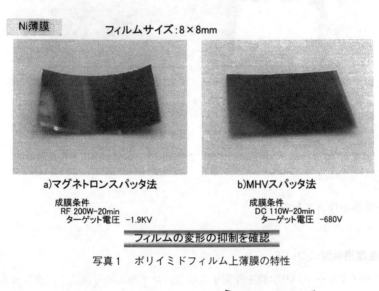

写真1　ポリイミドフィルム上薄膜の特性

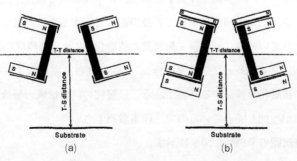

図7　(a) MHVスパッタ法，(b) N-MHVスパッタ法

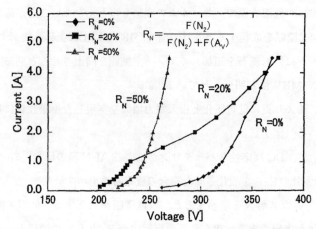

図8　N_2 ガス流量比を変化させた場合の放電特性[18]

写真2　ポリイミドフィルムの変形による薄膜応力評価（DC Power＝300 W）

の小さい Al–N 膜が作製できている。

1.4　今後の生産用装置について

フィルムにハイグレードバリア膜を作製する場合，フィルムの可撓性，要求されるバリア性能を考えると，スパッタ法による無機膜単独で各種用途に対応するのは困難である。従って研究及び特許情報で提案されている様に有機膜＋無機膜の積層化（3～6層程度）が必要と考えられる。

作製技術としては，P-CVD or プラズマ重合 or 有機物塗布／硬化による有機薄膜＋スパッタ法による無機薄膜の積層化を検討する必要がある。積層化の膜種構成，層数及び作製方法についても，最近特許出願が増加してきているので，検索参照下さい。

積層化装置の特許出願の一例[12]を図9に示す。

本特許出願では，無機膜作製用に，①デュアルマグネトロンカソードを提案しているが，今ま

第2章　低温真空成膜技術

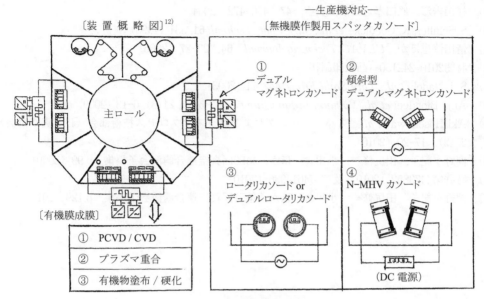

図9　生産用装置構想図

で述べてきた様に，低温・低ダメージ成膜対応の生産用カソードとして，②傾斜型デュアルマグネトロンカソード，③ロータリカソード or デュアルロータリカソード，④N-MHVカソードが適用できるものと考える。

　ガスバリア膜の用途及び膜構成，有機／無機の複合・積層化等の種々の条件から，上記各種スパッタカソードの適性・適用について，活発な研究開発が望まれる。

文　　献

1) 特開2010-215967；特開2010-222690；特開2010-242150 等
2) 小川倉一ほか，表面技術，**61**(10)，p 670-693 (2010)
3) 楳田英雄，応用物理，**79**(11)，p 997-1000 (2010)
4) 中山　弘ほか編，フィルムベースエレクトロニクスの最新要素技術，シーエムシー出版，p 159-161 (2008)
5) 石井　清ほか，信学技術，CPM 99-54，p 45-50 (1999)
6) 豊田浩孝，スパッタリングおよびプラズマプロセス技術部会（日本真空協会），22(1)，p 29-38 (2007)
7) 浮島禎之，谷　典明ほか，*ULVAC Technical Journal*，**64**，18-22 (2006)
8) 特開2004-22398（㈱アルバック）

9) 植田吉彦, 原口孝之ほか, 真空, **47**, 470-472 (2004)
10) S. Schiller, K. Goedicke *et al.*, *Surf. Coat. Technol*, **61**, 331 (1993)
11) 清田淳也ほか, *ULVAC Technical Journal*, **64**, 23-27 (2006)
12) 特開2010-242150 (凸版印刷㈱)
13) S. J. Nadel *et al.*, *Thin Solid Films*, **442**, 11 (2003)
14) Anja Blondeel *et al.*, *Vakuum in Forschung and Praxis*, **21**(3), 6-13 (2009)
15) Aki Hosokawa *et al.*, スパッタリングおよびプラズマプロセス技術部会 (日本真空協会), 25(3), 17-20 (2010)
16) 岡野夕紀子, 田尻修一, 小川倉一ほか, 第50回真空連合講演会予稿集, p 99 (2009)
17) 特許第4473852 (2010) 及び第4614936 (2010)
18) 岡野夕紀子, 田尻修一, 小川倉一ほか, 第51回真空連合講演会予稿集, p 129 (2010)

2 有機触媒 CVD

中山　弘*

2.1 はじめに

触媒 CVD（Catalytic-CVD，略して Cat-CVD）は W や Ta などの高融点金属表面での分子の解離吸着機構に基づく触媒反応によって CVD 原料分子の効率的分解，ラジカル形成を行い，そのラジカルを薄膜成長の"駆動力"として，基板上まで輸送・拡散させることによって基板上での成膜プロセスを行うものである。従って通常の熱 CVD と違い，気相空間での分子の分解および高次化反応を利用するため，基板表面での化学反応を抑制した状態，すなわち低温で成膜できるところが大きなメリットである。低温成長という点ではプラズマ CVD と同様であるが，プラズマ損傷を基板に与えないで比較的マイルドな成膜ができることが注目される点である。筆者らが提案している有機触媒 CVD（有機 Cat-CVD）は有機金属分子を CVD 原料とする Cat-CVD である。従来の Cat-CVD が CVD 原料として，自然発火性，毒性が高いモノシランガスを用い，Si や SiN_x などの無機材料の成膜に用いられていたのに対し，有機触媒 CVD では，有機金属化合物原料を用いることにより，有機金属化合物の主元素である金属元素（無機元素，M）と，分子を構成する（あるいは H_2，O_2，NH_3 などの混合ガスから供給される）C，O，N などの元素を含む各種の M-C-O-N 系，有機・無機ハイブリッド薄膜材料を形成することができる[1]。

表1には，筆者らが成膜している有機・無機ハイブリッド薄膜材料の例を示している。有機・無機ハイブリッド薄膜材料の成長法としては，①有機金属化合物あるいはその水素，酸素，アンモニアなどの混合ガスを原料とする有機触媒 CVD と，②有機化合物，特にエチレン結合を有す

表1　有機・無機ハイブリッド薄膜材料の例

対応する化合物	プロセス例	ハイブリッド化	特性，用途
SiO_2	MMS + O_2	SiOC	低誘電率絶縁体
Si_3N_4	MMS + NH_3	SiCN	バリア材料
Si_3N_4	MMS + O_2 + NH_3	SiOCN	バリア材料
TiO_2	$Ti(IP)_3$	TiOC	可視光・光触媒
BN	TEAB	BNC	機械皮膜
PE（ポリエチレン）	C_2H_4 + MMS	PE：Si	フィルム表面平坦化層

MMS：モノメチルシラン　　TEAB：トリエチルアミンボラン
$Ti(IP)_3$：トリイソプロポキシチタニウム

---

* Hiroshi Nakayama　大阪市立大学　工学研究科　教授；
㈱マテリアルデザインファクトリー　代表取締役

るアルケンと有機金属化合物との混合ガスを CVD 原料とする有機触媒 CVD，の 2 種類がある[1]。有機触媒 CVD 法により，種々の酸化物，窒化物，炭化物新材料群，さらにはアルケン重合を利用した無機元素ドープポリマー薄膜の形成も可能である。これらの新材料は"宝の山"である[2,3]。

2.2 有機触媒 CVD の原理

成膜装置としての触媒 CVD は，メタンと水素でダイヤモンドを作る，熱フィラメント CVD（ホットフィラメント CVD，HFCVD，あるいはホットワイヤー CVD，HWCVD）と同じものである。いわゆる Cat-CVD は原料としてシラン系のガスを用い，アモルファス Si やアモルファス SiN_x の成膜に利用されてきた。これに対し，筆者らは CVD 原料として有機金属化合物，有機化合物を用いると，高融点金属表面で触媒分解あるいは，触媒重合反応が起こり，種々の有機・無機ハイブリッド材料を成膜することができることを見出し，この方法を有機触媒 CVD（O-Cat-CVD あるいは MO-Cat-CVD）と名づけた[4〜6]。図 1 には有機触媒 CVD の反応過程の概念図を示す。フィラメント温度は，基板の耐熱性，成長速度などを勘案して，1200℃から2000℃程度に保つ。この加熱フィラメントに接触すると，ほとんどの有機金属化合物は分解するものと考えられる。その際，発生するラジカルが基板まで輸送されると，それが"駆動力"となって，薄膜成長が起こる。このラジカルの存在が Cat-CVD の本質であると考えられる。成長室の真空度が低い場合には分子の平均自由工程が相対的に大きいため，このラジカルを含む

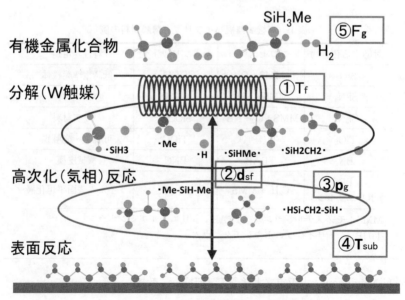

図 1　有機触媒 CVD の反応過程の概念図

第2章　低温真空成膜技術

CVD 原料分子が，気相での衝突を多数引き起こすことなく，基板に到達する。ただし，基板が200℃以下の低温であれば，基板表面での化学反応が抑制されているために，薄膜成長が抑制される。その際，ラジカルの存在が薄膜成長を促進する。それに対し，成長時の圧力が高いときは，気相での，ラジカルや分子の衝突が頻繁に起こる。そのため，ラジカル同士の反応，すなわち高次化反応が起こる。例えば，SiC の薄膜の形成においては，成長圧力を高めると，C の取り込みが促進され，Si と C の組成比が 1：1 に近くなり，200～300℃程度の低温で微結晶性の薄膜が形成されることが知られている[7]。従って，有機触媒 CVD 法や Cat-CVD で所望の薄膜を得るためには，気相反応の制御が特に重要である。基本的成長パラメーターとしては，フィラメント温度，基板-フィラメント間距離，成長圧力，基板温度，CVD 原料の流量，である。これらのパラメーターを変化させることにより，フィラメント反応，気相反応，基板反応を制御して，所望の薄膜を形成するのが，有機触媒 CVD であるといえる。通常の熱 CVD やプラズマ CVD に比べると，パラメーターの多い成長法であるが，その複雑さが，ラジカルを用いる，新しいプロセス技術としての有機触媒 CVD，Cat-CVD の潜在的可能性とサイエンスとしての面白さを示している。

2.3　フィラメント反応の解析

Cat-CVD では一般に高融点金属表面での触媒反応を用いるとされている。しかし，それを直接実証するのはなかなか難しい。ここでは，フィラメント反応の理解のために，筆者らが行っている簡単な実験方法を紹介する[8]。図2に示すように，この実験は，単純に，フィラメント温度とフィラメントで消費される電力との関係を求めることである。フィラメントで消費（散逸）される電力は一般に，

$$W_\mathrm{f} = I^2 R_\mathrm{f} = A\varepsilon\sigma T_\mathrm{f}^4 + \Delta E_\mathrm{Cat} + \Delta E_\mathrm{th} \tag{1}$$

と記される。ここで，W_f はフィラメントの消費電力，T_f はフィラメント温度，A はフィラメン

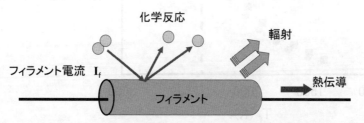

図2　フィラメントで消費（散逸）される電力のモデル

トの表面積，ε はフィラメントの放射率，σ はステファンボルツマン常数であり，右辺第1項はフォトンにより散逸する項である．ΔE_{th} はフィラメント電極への熱伝導および気相空間の気相分子の運動エネルギーによる熱伝達によるエネルギー散逸である．これはフィラメントと成長チャンバーの内壁との温度差，チャンバーの成長時の圧力に依存する項である．ΔE_{cat} と示すのは化学反応によるエネルギー散逸である．

まず，ガスを流さない状態で，フィラメント電流を流しながら，フィラメント温度と消費電力（フィラメント電圧と電流の積）の関係を測定する．次に，同様に CVD ガスを所定の量流しながら，フィラメント温度を消費電力の関数として測定する．筆者らは新しいフィラメントに交換する場合や新しい CVD ガスで成長を行うとき，必ずこの測定を行い，この CVD 原料を流していない状態と流している状態の電力差が発生する（簡単には，CVD ガスを流すとフィラメント温度が低下する）場合は，フィラメントで CVD ガスが反応していると判断している．図3はテトラエトキシシラン（TEOS）-W 系でのフィラメント反応を解析した結果である．測定は W フィラメントを用いて，TEOS ガスを流していない状態（●）と，流している状態（■）での温度，消費電力曲線を示している．TEOS ガスを流していない状態での，温度-消費電力曲線を解析するとほぼ，消費電力はフィラメント温度の4乗にフィットし，ステファンボルツマン型の依存性を示していることが分かる．CVD ガスが存在するときと無いときの温度-消費電力曲線の

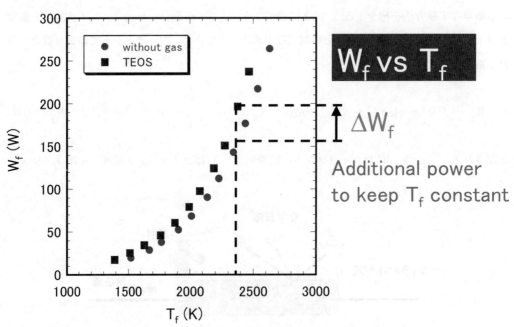

図3 TEOS 分子がある場合（■）と無い場合（●）でのフィラメントで消費される電力のフィラメント温度依存性

ずれが問題である。ほとんどの場合，CVD ガスを流すと，同じフィラメント温度にするための消費電力はガスが無いときに比べ増大する。いい換えれば，同じフィラメント電力を注入しても，CVD ガスが流れると，フィラメント温度は低下する。正確に述べると，CVD ガスを流すと，容器内のガス分子の運動エネルギーによって熱がフィラメントから，チャンバー内壁に散逸する。そのフィラメント温度依存性は，いわゆる粘性流，分子流条件で温度依存性が異なるが，ほぼ $\sqrt{T}$ に比例し，その温度依存性はこの実験範囲では小さいと思われる。この CVD ガスを流すことによって過剰に消費される電力，ΔW_f（あるいは CVD ガスによって失われる電力）こそ，化学反応によって散逸するエネルギーであると考えられる。実験的には，ΔW_f が大きい場合ほど薄膜の成長速度が大きい[8]。また，ΔW_f が小さい場合，薄膜の成長はほとんど興らない。図4には各フィラメント温度に対し，TEOS ガスが無い場合の消費電力，W_f と TEOS を流すことによって過剰に消費される電力（同じ温度にするのに必要とする電力），ΔW_f との比をプロットしている。フィラメントで消費される電力の内，TEOS-W 反応では，20％以上が化学反応（ラジカル形成に）消費されていることが分かる。これらの結果から，フィラメント表面では明らかに気相分子の分解が進行しており，一般にフィラメント温度が高くなるとこのフィラメント上での

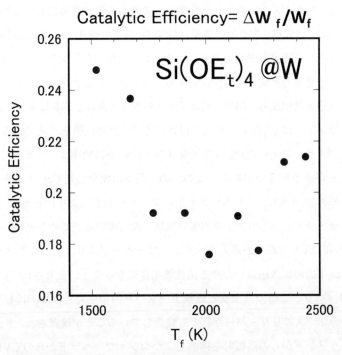

図4 温度の関数として，CVD ガスによって消費される余剰フィラメント電力とガスを流さないときのフィラメント電力の比
この比を筆者らは触媒効率とよんでいる。

化学反応が急激に促進される。筆者らはこの状態こそが"Cat-CVD モード"での成長であると判断している。従って，フィラメント温度が低い場合は単に，フィラメント上で分子が分解されているに過ぎない。それでも，気相空間におかれたフィラメントで分子が分解するので，低基板温度での CVD 成長が可能である，この"熱フィラメントモード"での成長も低温成長という点で，有益であることは自明である。

2.4 有機触媒 CVD 法および装置

　Cat-CVD の成長ではフィラメント温度一定条件，およびフィラメント消費電力一定条件で行われる。W フィラメントは触媒的作用を示すが，有機系の CVD 原料や酸素原子を含む CVD 原料を用いる場合には成長中に W フィラメントの酸化，炭化が進行する。CVD ガスに H_2 を添加することによって，この W フィラメントの劣化をある程度防ぐことができる。実際には，筆者らの実験では，例えば SiCN 系材料（ガスバリア材料）の成長の場合，24時間の連続成長も十分可能である。成長時の圧力は作製する材料によって異なる。例えば，SiC の成長の場合は結晶性が成長圧力に強く依存する。一般には100 Pa 以上の圧力で成長すれば結晶性が向上する。一方，成長圧力が高すぎると，フィラメントで分解したラジカル同士やラジカルと原料分子が反応（これを筆者は高次化反応とよんでいる）し，作製される材料の原子構造に大きな影響を与える場合がある。例えば SiCN ガスバリア材料の成長には50 Pa 以下の成長圧力で行われる。経験的には，成長する材料に対応して最適な成長圧力とフィラメント温度が存在する。その最適条件が定まると，フィラメント消費電力と成長速度が安定する。この成長圧力とフィラメント温度の変化によるフィラメント反応と気相反応の制御は Cat-CVD の本質であると筆者は考えている。

　我々は，フィラメントに CVD ガスを吹き付ける方式で高速成膜を可能にする，フィラメントモジュールを設計した。Cat-CVD ではフィラメントにいかに効率よく，また均一に CVD 分子を照射するか，という点が重要である。このため，我々の開発した Cat フィラメントモジュールでは，2 mm 厚の SUS（ステンレス）板を用いレーザー加工により10 mm ピッチの穴を開け，そこから，フィラメントに対しガスが噴出する機構になっている。このシャワーヘッド板を下面にもつ SUS 製の箱に CVD ガスが導入され，シャワーヘッドより，均一なガスが吹きだすように，シャワーヘッド内のガス圧はいわゆる粘性流条件になるように設計されている[9]。実際に作製されたシャワーヘッド近傍の真空度と成膜チャンバー内の圧力差は1000倍程度であり，シャワーヘッドが十分にガスのリザーバーとしても機能していることが確認された。また，シャワーヘッドへのフィラメントからの熱輻射を抑制し，かつシャワーヘッドからの CVD ガスの均一性をより高めるために，フィラメントモジュールとシャワーヘッドの間に10 mm ピッチの空隙を設けた反射・分散板を設置している。写真1，2にはマテリアルデザインファクトリー製の8イ

第2章 低温真空成膜技術

ンチ基板対応の有機触媒 CVD 装置 (MD201) および, フィラメントモジュールの概観写真を示す。フィラメントは並列に, 20本まで, 取り付けることができる。また, フィラメントアセンブリーの着脱も簡便にできる構造になっている。

2.5 SiOC 薄膜への応用

SiOC は LSI の多層配線用の低誘電率材料として用いられている実用材料である。SiOC 材料は実際にはアモルファス物質であり, 炭素および水素原子は Si および酸素に置き換えられ, $SiO_xC_yH_z$ と表すべきであるが略して SiOC と記すことが多い。低誘電率材料としての SiOC では, 原子スケールでのポアが存在しており, それが低誘電率化に寄与しているものと考えられる。

写真1　マテリアルデザインファクトリー製有機触媒 CVD 装置
　　　（O-Cat-CVD　MD201）の外観写真

フィラメントモジュール　　　フィラメントアセンブリー

写真2　マテリアルデザインファクトリー製フィラメントアセンブリー（右）
　　　およびフィラメントモジュール（詳細は文献9）

ここでは Si 系有機金属化合物を原料とする有機触媒 CVD により成長した SiOC 薄膜に関する研究結果について述べる。

　SiOC の CVD 原料としては TEOS（テトラエトキシシラン），DMDMOS（ジメチルジメトキシシラン），および 1 MS（モノメチルシラン）と O_2 の混合ガス，などが用いられる。有機触媒 CVD で成長される薄膜の組成が CVD 原料の分子構造に強く依存しているのが特徴である。図 5 には Si2p スペクトルを示す。そのピーク位置が，ジメチルシラン（DMSi）で形成した SiC 中の Si，ジメチルジメトキシシラン（DMDMOS）で形成した SiOC 中の Si，テトラエトキシシラン（TEOS）で形成した SiOC 中の Si の順で高エネルギーサイドにシフトしている。SiC のピーク位置は挿入表にあるように，純粋 Si と SiC 化合物の中間的な値である。DMDMOS，TEOS で作製した SiOC 中の Si には酸素が結合している。このピークシフトは DMDMOS より，TEOS の場合の方が Si の結合した酸素原子が多いことを示している。これは，原料の分子の状態で，DMDMOS では Si に 2 個の酸素原子が，TEOS では 4 個の酸素原子が結合していることに起因している[10]。図 6 には TEOS で作製した SiOC の成長速度のフィラメント温度依存性を示す。フィラメント温度1500℃付近を境にして，急激に成長速度が上昇するが，これは W フィラメント1500℃以上で W フィラメント表面で形成された W–O 結合が分解して，W フィラメントが触媒作用を持続するためであると示唆される。

2.6　Cat-CVD のもう一つの応用：水素ラジカルを用いた表面処理

　加熱 W フィラメント表面での水素分子の分解反応はよく知られている。図 7 に示すように，W フィラメント温度が2000℃以上の場合，水素分子が W フィラメント表面で"解離吸着"反応

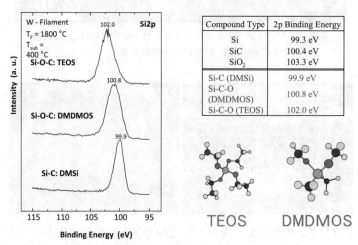

図 5　TEOS および DMDMOS で作製した SiOC および DMS で作製した SiC_x 薄膜における Si2p の XPS スペクトル，およびピーク位置の比較

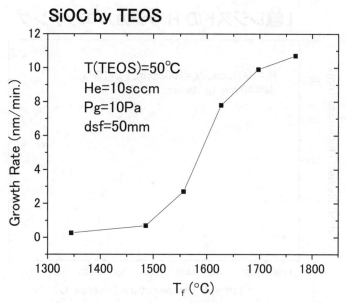

図6　TEOS で作製した SiOC の成長速度の W フィラメント温度依存性

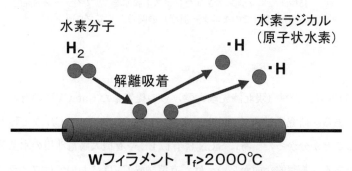

図7　W フィラメント表面での水素ラジカル形成過程の模式図

を起こし，W-H 結合が形成されるが，W フィラメント温度が高い場合その W-H 結合が分解し，水素ラジカル（・H）が発生する。Cat-CVD というまでもなくこの現象は古くから知られている現象である。Cat-CVD 装置があれば，この水素ラジカルを用いた種々の反応を利用することができる。図8にその一例を示す。これは LSI 用の i 線レジストを Cat-CVD 装置で発生させた水素ラジカルによってエッチングした実験結果である。図には45秒間の反応でエッチングされた膜厚を示す。1700℃のフィラメント温度で45秒間に475 nm 程度のレジスト膜がエッチングされているのが分かる。この水素ラジカルの応用は多岐にわたるので，この面での Cat-CVD（水素ラジカル処理というべきか）の応用が期待されている。

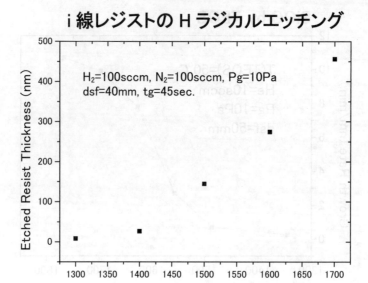

図8 水素ラジカルを用いた i 線レジストのエッチング実験結果
45秒間でエッチングされたレジスト膜厚を W フィラメント温度（放射温度計でのモニター温度）の関数としてプロット。

2.7 結論

　有機触媒 CVD 法は，松村（現北陸先端大学）らの提案した Cat-CVD の有機（炭素）材料へ拡張したものである。研究を進めていくと，応用では SiOC，SiC，SiCN など種々の機能性材料の開発ができることが分かった。特に SiCN は有機 EL や有機太陽電池用の水蒸気ガスバリア材料として有望である。基礎的な面からいえば，有機触媒 CVD においてはフィラメント反応，気相反応の解析と理解が重要であることが分かってきた。新しい薄膜成長法としての有機触媒 CVD の実用化のためにはこの基礎研究が欠かせないと思われる。

文　　　献

1) マテリアルデザインファクトリー，特許第4455039号「Si 系有機・無機ハイブリッド膜の形成方法」
2) H. Nakayama and T. Hata, *Thin Solid Films*, **501**, 190-194 (2006)
3) 高分子化学分野で研究開発されているいわゆる有機・無機ハイブリッド材料については，

中條善樹，化学総説 No. 42，日本化学会編，無機有機ナノ複合物質，学会出版センター，p. 75（1999）
4) H. Nakayama, K. Takatsuji, K. Murakami, N. Shimoyama, H. Machida, *Thin Solid Films*, **430**, 87-89（2003）
5) K. Takatsuji, H. Nakayama, M. Kawakami, Y. Makita, K. Murakami, N. Shimoyama, H. Machida, *Thin Solid Films*, **430**, 116-119（2003）
6) 中山　弘，表面科学，**31**(4)，pp. 184-190（2010）
7) S. Miyajima, A. Yamada and M. Konagai, *Japanese J. Appl. Phys.*, **46**(4A), pp. 1415-1426（2007）
8) T. Hata and H. Nakayama, *Thin Solid Films*, **516**, 558-563（2008）
9) マテリアルデザインファクトリー，特許第4004510号「触媒CVD装置および成膜方法」
10) 詳細は特許第3743567号「膜形成方法，膜，素子，アルコキシシリコン化合物，及び膜形成装置」

3 イオンプレーティング法

小川倉一*

3.1 はじめに

イオンプレーティング（Ion Plating）は1964年にアメリカのMattoxらによって考案された技術で，彼はArプラズマ中で金属の真空蒸着を行うことにより，通常の真空蒸着膜とは異なった，緻密で付着力の強い薄膜が形成されることを見いだし，イオンプレーティングと命名した。その後，NASAで人工衛星等の金属固体潤滑膜の作製法として実用化されている。

Mattoxの開発を契機に世界中でイオンプレーティング法の研究が盛んになり，国内においても安定なプラズマの形成，イオン化率の増大，成膜速度の向上等を目標として活発な研究開発がなされ，多種類のイオンプレーティング法や装置が開発され，現在では，実用的な観点から整理統合され，無公害めっきや各種材料への付着の強い高速成膜に利用されている。

3.2 イオンプレーティング（IP）法の特徴

3.2.1 イオンプレーティング

真空中でイオン化された蒸発粒子が基板上に到達した場合，粒子の持つ運動エネルギーの大きさによっていろいろな現象が起こる。その現象を図1に示した。運動エネルギーの小さい粒子は，ゆっくりした速度で基板に堆積して膜を形成する。少し運動エネルギーが大きくなると，基板上に到達した粒子はその表面を自由に動き回り，もっとも安定した位置に落ち着き膜を形成する。さらにエネルギーが大きくなると，イオンの衝突によって，基板を構成している原子や分子がはじき出されるスパッタ現象が発生する。運動エネルギーがより増大すると，イオンが基板表面層へ入り込み，イオン注入現象が起こり始める。

イオンプレーティングにおいて，蒸発粒子の全てがイオン化されるわけではない。それらのイ

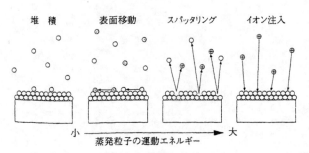

図1　イオンプレーティングにおける蒸発粒子の運動エネルギーと諸現象

* Soichi Ogawa　三容真空工業㈱　技術顧問

第2章　低温真空成膜技術

オン化率はイオン化の方法によって異なり，1％以下から数10％の広範囲にわたっている。イオンプレーティングによる膜形成粒子にはイオン，ラジカル，中性粒子等が含まれ，それぞれ運動エネルギーも異なっている。したがって，図1で説明した現象を同時に起こしながら薄膜を形成しているため，単なる真空蒸着に比べ，高品質な薄膜形成が可能となっている。

例えば，蒸着粒子が基板表面で動き，安定した場所に落ち着くことは，結晶構造の配向性を良くし，付着強度も向上する。スパッタ現象は薄膜形成前における基板のクリーニング効果があり，薄膜形成中での適度なスパッタリングは膜の高密度化に寄与する。イオン注入効果も適度であれば，スパッタ現象と併せて，基板と薄膜のミキシングによる相互拡散により付着力の向上につながる。

イオンプレーティングの大きな特徴は，蒸発粒子がプラズマ化することにより，イオン化やラジカル化が起こり，化学反応が増大することである。この性質を活用して，反応性イオンプレーティングにより金属等を出発材料として酸化物，窒化物，炭化物等の化合物薄膜の合成に広く利用されている。

3.2.2 反応性イオンプレーティング法

反応性イオンプレーティングは，蒸発金属粒子と放電中のガスイオンとの化学反応を利用して低温プロセスで化合物薄膜を形成する方法である。

放電プラズマ中には多くの励起粒子やイオンがあり，化学的活性なため，蒸発金属粒子はこれらのガスとの衝突により金属イオンや励起粒子になる。これらの系全体の温度は比較的低いが，熱的に非平衡状態であるため，かなりの粒子が励起状態にあり，原子，分子は等価的に高温状態にあり，粒子間の衝突により化学反応が起こりやすくなっている。この現象を利用して酸化物，窒化物，炭化物やそれらの複合化合物の合成が可能となる。したがって，CVD法よりかなり低い温度で化合物が形成できる利点を持っている。

この方法による成膜技術には多くの特徴がある。反応性を利用した種々の化合物薄膜合成が低温プロセスで可能なことが最大の利点である。

3.3 イオンプレーティング法の分類[1~3]

現在，多くのイオンプレーティング法や装置が試作・開発されており，それらの代表的なものを図2にまとめてある。それらの概要について述べる。

3.3.1 多陰極熱電子照射法

Mattoxが考案したイオンプレーティング法では，プラズマを発生させるために1Pa程度の圧力と高電圧が必要であるため，これらを改善する目的で蒸発源上部に複数の熱陰極を設定して（図2(a)），蒸発粒子を熱電子で照射することによりイオン化を促進し，10^{-2}Pa程度の低圧力中

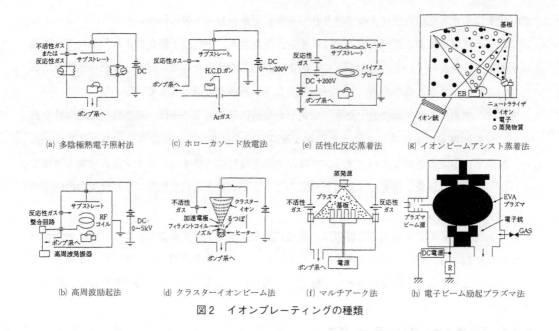

図2　イオンプレーティングの種類

で，100 V以下の低電圧で安定なプラズマの発生・維持ができるため，金属表面等の応用が期待されている。

3.3.2 高周波励起法（RF法）

蒸発源の直上に数ターンの高周波コイルを設置し，RF（Radio Frequency）電力を印加することにより高周波プラズマを発生させ，蒸発粒子をイオン化させる方法である（図2(b)）。イオン化された粒子は，基板に印加された直流電界によって加速され，その運動エネルギーを保持して基板に衝突付着する。この方法の特徴はプラズマ発生系，イオン加速系が全て独立に制御できることである。個々にプラズマガスとの化学反応を用いて，反応性イオンプレーティングが可能で，有機モノマーガスを用いた有機・無機複合薄膜の形成も可能である。

3.3.3 ホローカソード放電法（HCD法）

通常のイオンプレーティング法では，蒸着源に高電圧・低電流の電子銃を用いているが，この方法では，低電圧・大電流のHCD（Hollow Cathode）型電子銃が蒸発源とイオン化源の役割を同時に兼ね備えており（図2(c)），イオン化率も非常に高いため，高速コーティングできる特徴を持っている。主として金属系窒化物，炭化物等の硬質膜厚膜形成に利用されている。

3.3.4 クラスターイオンビーム法（ICB：Ionized Cluster Beam法）

蒸発源にノズルのあるるつぼを用い，るつぼ内が金属蒸気で過飽和になるまで加熱し，それらをノズルを通して真空中に引き出すことにより10^2〜10^3個程度の，お互いに緩く結合した原子集団からなる金属クラスターを真空空間に発生させ，クラスター全体を外部電界により加速し，基

第2章　低温真空成膜技術

板に衝突させて薄膜を形成する技術である（図2(d)）。適正エネルギーで薄膜形成ができるため，化合物半導体形成やそれらを利用した薄膜デバイスの形成に利用されている。

3.3.5　活性化反応蒸着法（ARE：Activated Reactive Evaporation法）

蒸発源上にリング上のプローブ電極を設置し，それに正の電圧を印加することにより放電させ，蒸発粒子をイオン化する。蒸発源より金属を蒸発させ，反応性ガスを導入し，これらをイオン化することにより酸化物，窒化物，炭化物等の化合物薄膜が形成できる（図2(e)）。

3.3.6　マルチアーク法（AID法）

この方法は蒸発方法が他の方法と異なり，蒸発源として真空中でターゲット表面に局所的にアーク放電を起こし，そのアークポイントが溶解し蒸着させる方式である。基板に負のバイアス電圧を印加し，発生したイオンを加速させる。放電が局所的に発生し，その部分だけが溶解・蒸発するため，蒸発源を真空チャンバー内の下方に設置する必要がなく，自由な位置に設置でき，陰極を複数個取り付けることにより放電領域の拡大や大面積比も可能となるため，工業的に多方面で利用されている。さらに，他の方式に比べて複雑な組成の薄膜が形成できる特徴がある。しかし，系内が高温になることや，成膜中にドロップレットが発生し，基板に付着する等の課題もある（図2(f)）。

3.3.7　イオンビームアシスト蒸着法

真空中に設置したイオン源により，基板表面をガスイオンで照射しながら，蒸発源より各種材料を同時に蒸発させる特殊な蒸発源である。この方法は，成膜中，常に膜表面がイオン照射されているため多くの効果が期待できる。イオン源には，熱フィラメントからの電子とガス分子の衝突によるイオン化方式が主として用いられている。最近ではO_2ガスに利用できる高周波励起型イオン源が開発され，光学薄膜の作製に多く利用されている。特にTiO_2薄膜の形成においては，低温プロセスで屈折率の高い膜が形成でき，その経時変化も少ない良好な結果が得られている（図2(g)）。

3.3.8　電子ビーム励起プラズマ法

真空チャンバーの側壁に，低電圧・大電流（～150V，～25A）の電子ビームが引き出せる電子ビーム源を取り付けてある。ガスを導入することにより，発生したプラズマビームをチャンバー内へ引き出し，蒸発部分に誘導する。蒸発材料用電子銃によってるつぼから蒸発させ，プラズマ中でイオン化させる方式である。蒸発用電子銃の出力をある値以上まで上昇させ，蒸発量が増加するとるつぼ上で強い発光プラズマが発生し，蒸発粒子のイオン化が向上し，高密度な薄膜形成が可能となり，光学多層膜の形成に利用されている（図2(h)）。

3.4 新しいイオンプレーティング法（IP法）と応用例

新しいイオンプレーティング法として種々の方法が検討されているが，低温プロセスで大面積への高速成膜技術に関係したホローカソード活性化IP法について述べる。

3.4.1 ホローカソード活性化高速蒸着法（HAD法）[4]

図3にはHAD法の原理図を示してある。走査型の高出力電子銃（100～300 kW）により，金属や金属酸化物を蒸発させるとともに，基材と蒸発源との間にホローカソードプラズマガン（～300 A）を複数台配置し，これらより発生した高密度プラズマを基材近傍に形成する。走査型電子銃により蒸発した物質が広幅の基材に付着して膜形成されるが，プラズマ中のイオンがプラズマ電位と基材電位の差により加速され，基材に入射してボンバード効果が得られる。写真1に蒸発源としての溶融石英チューブ，その加熱に利用した高出力電子銃およびホローカソードプラズマガンによる放電の様子を示している。表1には，この方法で得られたSiO_2，Al_2O_3，TiO_2膜の成膜速度をまとめてある。これらの値は高速パルスマグネトロンスパッタ法と比較して1～2桁大きい成膜速度が得られている。

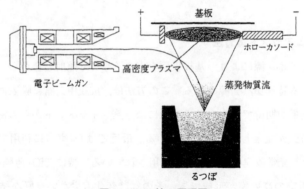

図3　HAD法の原理図

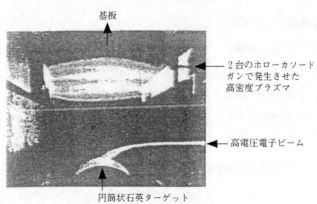

写真1　HAD中の放電状態

第2章　低温真空成膜技術

表1　HADにおけるAl$_2$O$_3$，SiO$_2$，TiO$_2$膜の成膜速度

膜材料	スタティック成膜速度 (nm/s)	ダイナミック成膜速度 (nm・m/min)
Al$_2$O$_3$	100〜150	1,800〜2,700
SiO$_2$	200〜600	3,600〜10,800
TiO$_2$	50〜80	900〜1,400

HAD法の特徴は，高速成膜に加えて，膜が平滑でかつ緻密な膜が得られていることである。写真2は，Alを用いた反応性HAD法により，100 nm/secの成膜速度で作製したPETフィルム上Al$_2$O$_3$膜のTEMによる断面の様子を示している。プラズマ電流を上昇させるとともに（0→400 A），膜表面が平滑化し，断面構造が均質・高密度化し，膜硬度も向上している。

写真3は，SiO$_2$を蒸発材料に用いて真空蒸着法でPC基板上に成膜したSiO$_2$膜と，HAD法により形成したSiO$_2$膜の断面構造の比較である。これらより，HAD法の方が平滑かつ緻密な膜が形成されているのが明らかである。

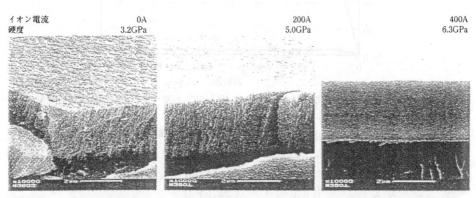

写真2　HADにより形成したAl$_2$O$_3$膜の膜構造（SEM表面・断面像）と膜硬度の基板近傍のイオン電流依存性

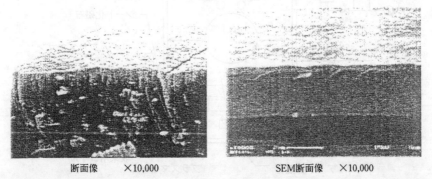

写真3　通常の真空蒸着によるSiO$_2$膜（左）とHADによるSiO$_2$膜（右）の膜構造（SEM断面像）の比較

これらのプロセスは真空蒸着法を基本にしているため大面積での膜厚分布に限度があり，現状では1m幅で±10%程度の分布である。したがって，厚膜ハードコートなどの分布をそれほど気にしない用途への応用が有効と考えられる。

プラスチックのハードコートへの応用として，形成したPC基板上のSiO$_2$厚膜のテーパー磨耗試験結果の，ガラスと比較した例を図4に示してある。この図より，ガラスと同程度またはそれ以上の耐摩耗性が得られていることがわかる。

3.4.2 低エネルギーイオンプレーティング（IP法）によるITO薄膜[5]

図5にRTR低エネルギーIP装置の概略を示してある。

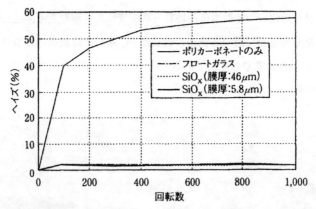

図4 HADにより形成したポリカーボネート板上SiO$_2$厚膜のテーパー摩耗試験の結果

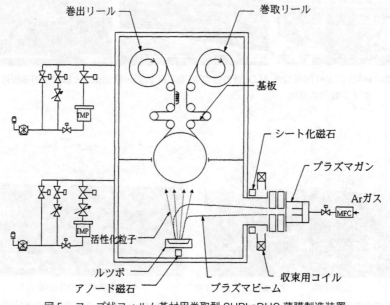

図5 フープ状フィルム基材用巻取型SUPLaDUO薄膜製造装置

第 2 章　低温真空成膜技術

　この装置の特徴は，プラズマガンを蒸発およびイオン化のエネルギー源に利用しており，100 V 以下で100 A 以上の低電圧・大電流放電が可能で，磁場によるプラズマ制御技術と組み合わせて大面積基材へ均一な薄膜形成が可能である。

　チャンバー内上部に成膜前のロール状フィルムがセットされており，これから巻き出されたフィルムはチャンバー内下部にセットされた低電圧イオンプレーティング装置により成膜される。小型リールでフィルムをサポートすることにより，フィルムの温度コントロールを実施している。成膜後，チャンバー上部内の巻き取りロールに巻き取られる。さらにフィルム基材の加熱，イオン照射を行うことにより，フィルムからの脱ガス，および膜の付着力を高めることも可能である。

　この装置により作製した ITO 薄膜の諸特性を表 2 に示してある。成膜温度が180℃で $\rho : 1.6 \times 10^{-4}\,\Omega \cdot cm$，波長：550 nm における T：89%以上，成膜温度が常温でも $\rho : 2.8 \times 10^{-4}\,\Omega \cdot cm$ とかなり良好な値が得られている。図 6 にプラスチックフィルムへ150℃の加熱条件下で成膜した ITO 薄膜の結晶配向性を示している。比較的低温度であるが，ITO 薄膜の結晶化が進み，(2,2,2) 面に配向した結晶膜が得られている。

表2　ITO 膜の成膜例

基板	膜厚 nm	シート抵抗値 Ω/□	比抵抗値 Ω・cm	透過率 % (at 550 nm)	基板温度 ℃
ガラス	210	5.6	1.2×10^{-4}	81.3	200
プラスチックフィルム	120	13.2	1.6×10^{-4}	89.0	180
プラスチックフィルム	120	17.7	2.2×10^{-4}	85.7	150
プラスチックフィルム	220	12.7	2.8×10^{-4}	83.8	常温

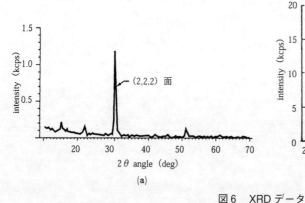
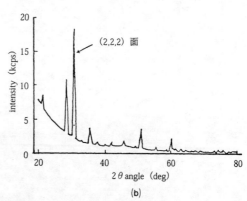

図6　XRD データ
(a) ガラス基板，(b) プラスチック基板

AFMの表面プロファイルの測定結果からも平均表面粗さ Rz：6.1 nm と表面平滑性も良好であることが示されている。

3.5 まとめ

イオンプレーティング法は真空蒸着法，スパッタ法と並んでドライプロセスによる代表的成膜法であり，プラズマプロセスを活用することにより新しい分野への発展が期待されている。具体的には，酸化物の高速成膜技術として開発されたHAD法や，ITO薄膜低温プロセス化としての低エネルギーIP法は，従来の成膜法に比べてかなり高速成膜が可能で，高品質な膜形成が可能であるため，今後，広い産業分野で利用されるものと期待できる。

文　献

1) 稲川幸之助, *Material Stage*, **2**(6), p 13（2002）
2) 小川倉一, 月刊ディスプレイ, **9**(8), p 10（2003）
3) 宮寺敏之, ㈱日本学術振興会　プラズマ材料科学, 153委員会, 第65回研究会資料, p 13（2004）
4) 鈴木和嘉, *Material Stage*, **2**(6), p 34（2002）
5) 古屋英二, 月刊ディスプレイ, **5**(9), p 28（1999）

第3章　高速真空成膜技術

1　反応性高速スパッタ技術

小島啓安*

1.1　反応性スパッタとは

　様々な化合物薄膜が実際の製品の中で，多くの分野に使われている。特に一般的な膜種としては，酸化物，窒化物，炭化物が挙げられる。

　従来これらの膜を作る場合には，RF電源を使ったRFスパッタにより，ターゲットとして，膜組成と同じ化合物ターゲットを使い，それと同等の組成を持つ膜が比較的容易に作製できた。ただし，量産規模が大きくなり，低コスト，大面積，熱に弱いフレキシブル基板上への成膜というような需要が多くなってくると，大面積基板には向かない，成膜速度が遅い，基板が加熱される，化合物ターゲットが高いなどの点で問題があった。

　別途，DC電源の場合は，コンパクトで，大電力の電源が安く作れるなどがあり，特にターゲットとして金属板を使うので，ランニングコストが安く，コストダウンに向いているという特徴がある。

　近年，DC電源の1つとして，パルス電源が開発され，性能，価格の優れたものが出てきている。これにより従来，問題となっていたアーキング発生も抑えられるようになり，絶縁膜などの成膜も安定にできるようになってきた。

　バリア膜の場合には，できるだけ緻密な膜を作製し，ガスバリア性を向上することができるかという点で，材料的にはSi系，Al系が重要視されている。この場合には，反応性スパッタとして，SiあるいはAlターゲットを用いた反応性スパッタを行うことになるが，緻密な膜は同時に内部応力が高いことが多く，フレキシブル基板に対しては問題となる。そのために，緻密な膜としてSi_3N_4，それを緩和する膜としてSiO_2を多層にして繰り返す，あるいは徐々に組成が変化する傾斜膜を使うなどが試みられている。

　傾斜膜というのは，例えばSiO_2からSi_3N_4膜までを厚さ方向に少しずつ組成が連続的に変わる膜を指している。この場合は，Siターゲット（B, Alドープによる導電性ターゲットが必要）を使って，放電用のArガス以外に，反応性ガスとしてO_2ガスを入れ，膜厚が増えるにしたがい，徐々にガス組成をN_2リッチにし最終的には，反応性ガスを100% N_2にすればSiO_2から

---

　*　Hiroyasu Kojima　㈲アーステック　代表取締役；名古屋大学　客員准教授

SiO_xN_y 膜を経て Si_3N_4 膜まで変化した膜が容易に作製できることになる。この膜は屈折率的には，1.45から2.1程度まで連続的に変化するが，誘電体の場合は，屈折率がほぼ膜の緻密性に相関しているので，ポーラスな膜から緻密な膜に連続的に変わることになる。

SiO_xN_y のような膜は，反応性ガスが膜の元素の一部を構成しており，ガス成分の変化のみで，組成を自由に変えられるので，密着性のための基板への緩衝膜としてあるいは内部応力低減のためなどの膜の1つとして注目されている。

また，膜のバリア性を向上させるために，膜中の欠陥サイズを変化させてあるいは膜の積層状態を変えるために，化合物元素を変えるという方法も考えられている。例えば，SiO_xN_y 膜と SiO_xC_y 膜との積層などである。C元素は，CO_2 あるいは CH_4 などのガスを加えることで，反応性スパッタができ，反応性ガスを変えることで，比較的容易に膜組成を変化させることが可能である。このように，単層膜では十分なバリア性を持たせることは難しいので多層膜構成になるが，膜厚も同時に厚くなってしまう。コストを考えると，高速に成膜することが重要になる。

反応性スパッタを使う利点は，従来の反応性スパッタと比べて，同一パワーにおいて1桁程度高速に成膜できる技術が開発されたことである。これにより，化合物膜においても，蒸着膜と成膜速度が同等あるいは材料によっては，蒸着膜の成膜速度の2～3倍の高速成膜ができ，大面積フレキシブル基板に，再現性，均一性がよく，高速で成膜できるようになった。

1.2 ヒステリシス，遷移領域について

反応性スパッタを行う際には，まず反応性スパッタ特有の現象であるヒステリシスを理解する必要がある。反応性スパッタは，金属ターゲットを利用して，そのスパッタ粒子を反応性ガスである O_2 あるいは N_2 ガスなどにより化合物膜として基板上に成膜する。そのために，放電用ガスである Ar と反応性ガスの O_2，N_2 との分圧比によりできる膜の組成が変化する。放電ガス Ar のみの場合は，金属膜になり反応性ガスが加わると化合物膜となるが，反応性ガス比を増加すると，完全に化合物膜になるまで徐々に変化していき，ある点で急激に化合物膜となる変化が起きる。この場合において今度は逆に反応性ガス100%から Ar ガスを徐々に増加していくと，同じ反応性ガス比では急激な変化は起こらず少し Ar がリッチな側にずれてからこの現象が生じる。この反応性ガスの増加と減少での軌跡がずれることを，ヒステリシスという。

図1は，TiO_2 の例である。反応性ガス量として O_2 を横軸にとり，縦軸にスパッタ速度を示したものである。図のA点は Ar 100%のところであり，ここでは Ti 膜が成膜される。この成膜速度は，最も速い。徐々に O_2 を増加すると，膜は Ti に O_2 が少し入った吸収膜を示し，B点では急激に成膜速度が落ちC点で落ち着く。C点では TiO_2 の酸化膜ができる。これより O_2 ガスを増加しても，成膜速度は変わらず，低いところで安定した成膜速度となる。この少し過剰に

第3章 高速真空成膜技術

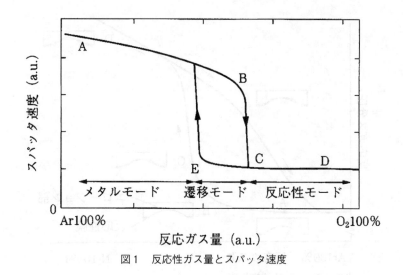

図1 反応性ガス量とスパッタ速度

O_2が入ったD点でのスパッタが通常使われている。

　逆にここからO_2ガスを減らして成膜すると，E点にて急激に成膜速度が増加し，吸収膜となって最終的にAr100%となりTi膜となる。このO_2増加の場合と，O_2減少での軌跡のズレが生じるのがヒステリシスであり，A点から始まって急激に変化する前までがメタルモード，変化している領域が遷移モード，C点からD点の安定領域を反応性モードと呼ぶ。

　このヒステリシスの生じる原因は，O_2ガスがターゲット表面に反応性膜を生成し，金属の状態と酸化状態でスパッタ率が異なるからである。ターゲット表面が金属の状態からO_2ガスを増加させるときには，スパッタ率が高いのでO_2が沢山消費される。一方表面が酸化した状態は，スパッタ率が低いので，O_2ガスを減少させるときにはO_2ガスが消費されにくい状態になる。導入O_2量が少し減少した状態で酸化表面から金属表面への移行が起こり，ヒステリシスが生じる。このため，ヒステリシスの軌跡は，排気速度によって変わり，排気速度を大きくしていくと，遷移モード領域（以後遷移領域という）は徐々に狭くなる。これは，排気速度が大きくなったことで，スパッタ原子による酸素消費の効果が相対的に低下することによる。ヒステリシスの縦軸の落差は，Ti膜とTiO_2膜でのスパッタリング率の違いを示している。

　図2は縦軸に反応ガス分圧をとり，横軸に反応性ガス量をとった場合のヒステリシスを示す。これはTiNの場合を示しているが，TiO_2の場合は，E点のところの変化が，ここでのN_2の場合より急峻であり図1の変化に近くなる。ここでは，ターゲット上での変化を模式的に示した。A点では，TiN_x膜が非エロージョンのところにわずかに生成し，C点ではエロージョンの中にTiN_x膜ができている。D点では，エロージョン全てを覆った状態になる。これが通常の反応性スパッタの状態であり，N_2過剰の位置である。

55

最新ガスバリア薄膜技術

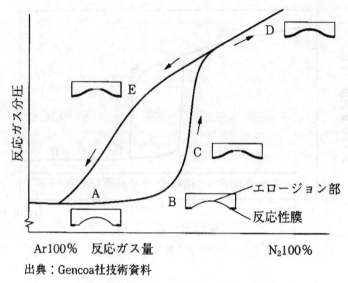

出典：Gencoa社技術資料

図2　反応性ガス量と反応ガス分圧の関係

1.3　遷移領域制御

　遷移領域は，ヒステリシスでの急激に変化が生じる点であるが，この領域を上手く制御できれば，酸化物でも窒化物でも非常に高い成膜速度が達成できることがあり，ここでの制御法として，放電のインピーダンスやプラズマエミッションを使った方法が開発された。これらの方法は，遷移領域の成膜速度が速いという特徴を利用する技術のため遷移領域制御と呼ばれる。遷移領域制御に関する理論的取り扱いはここでは省くが，多くの論文および参考書が出ている[1〜5]。

　プラスチック膜などの大面積基板に酸化物，窒化物などの化合物膜をスパッタすることがフラットパネルディスプレーなどで多く使われるようになってきたが，この場合に使われるスパッタ装置が，巻取り型のRoll to Roll型の装置である。熱に弱い基板に，大面積に均一な膜を成膜するには，高速でのスパッタ方法が不可欠である。この遷移領域制御方式の開発が，Roll to Roll方式での化合物膜の量産に大きく寄与したといえる。

　従来反応性膜として使っていたO_2ガス量のヒステリシスでの位置は，過剰に反応性ガスを入れることにより，多少のガス量の変動があっても，成膜速度に変化がなく，低い成膜速度であるが安定しており，電力に対しては比例的に成膜速度が上がり，生産装置として使われてきた。しかしこの低い成膜速度では，コスト的に厳しく，またプラスチックフィルムなどでは熱に弱いため，厚い膜は長時間を要することになり成膜できない。図3は図1と同様な図であるが，このヒステリシスの中の遷移領域を実線のように制御できれば，ヒステリシスが生じず，反応ガス量に対して放電インピーダンスあるいは，発光量を固定して制御できれば，成膜速度は一義的に決まる。破線のようなヒステリシスが生じるのは，反応性ガスの消費量と供給量にズレがあるためで

第3章　高速真空成膜技術

あり，必要量をレスポンスよく供給してやれば，ヒステリシスは生じない。この原理を応用して開発された技術が，遷移領域制御と総称される技術である。

これには反応性ガスの必要量をどう検知するかという方法で大きく分けて2種類あり，放電のインピーダンスを検知する方法，すなわちターゲットでの放電電圧を検知する方法とプラズマエミッションを使う方法との2つである。両方とも，原理的にはターゲット表面でのエロージョン部にどれだけ反応性膜が覆ったかを見ており，反応性膜の覆った部分と覆っていない金属部との比を監視し，その量をリアルタイムに検知し，欲しい値になるようリアルタイムに反応性ガスを供給するということである。

図3において，酸化物の場合を例にとると，A点では金属膜であるが，B点では吸収膜になり，C点で透明膜となる。D点は従来の成膜時の位置である。C点で常時成膜ができるように，放電インピーダンス，あるいは発光量を検知して，この点の欲しいところに維持できるよう反応性ガス量を制御できればよい。反応性ガスの供給方法は，レスポンスが大事なため，高速に反応するマスフローコントローラーを使用して，検知した信号を瞬間にガス量としてガス配管から導入するという方法をとっている。

これらの制御は一見すると複雑に見えるが，自動化して制御できるコンポーネントがすでにメーカーから市販されているので[6]，既設の装置にも取り付け可能なものになっている。英国GENCOA社（日本代理店　富士交易）の場合は，8点同時コントロールできるような構成になっている。

1.4　インピーダンス制御

遷移領域制御の中の1つの方法であり，高速に成膜を行うための制御の方法として，放電のイ

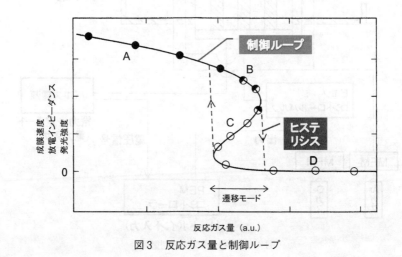

図3　反応ガス量と制御ループ

ンピーダンスを使う。

　図4に，インピーダンス制御の装置構成を示す。図5は制御に用いるコントローラーを示す[6]。1台のコントローラーで8チャンネルまでセットが可能である。TiO_2の例をとり解説する。電源はパルス電源を使い，ターゲット上の非エロージョン領域に生成する絶縁物によるアーキングを防止するために，50～100 KHz程度で行う。パルス電源は電力一定モードにて，必要な電力をかける。パルス電源の放電電圧値の信号をPEM（プラズマエミッションモニター）コントローラーに入力し，その値と，PEMに前もって入力した指示値であるセットポイントと比較し，放電電圧値がセットポイントを維持するようにMFC（マスフローコントローラー）からO_2ガスを導入する。Arガスは MFM（マスフローメーター）から一定量導入する。O_2ガスとArガスの配管はそれぞれボンベから独立して配管を行う。MFCからO_2ガスの噴出口までの距離は，レスポンスをよくするために，できるだけ短くなるように配管を工夫する。また配管はカソードに対して均等なガスが出るように，左右の対称性，排気ポンプの位置なども考慮しながら，配管のガス噴出口は，それぞれ後で口径を調整できるようにしておく。

　この方式は，エロージョン表面を覆う酸化物膜と金属膜の比が変わると，スパッタ率が変わり，それによる2次電子生成率が変化し，プラズマの抵抗値成分が変動することを用いている。その

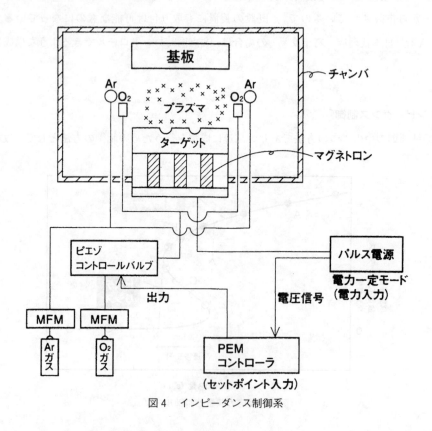

図4　インピーダンス制御系

第3章　高速真空成膜技術

図5　インピーダンス制御，プラズマエミッション（PEM）制御用コントローラー（GENCOA社製スピードフロー）

ためにインピーダンス制御と呼ばれる。インピーダンスが変わると，放電電圧が変化するため，電源から放電電圧を検出し，この放電電圧を常に一定のセットポイントになるように，反応性ガスをリアルタイムに制御するという方法である。

Siの場合を例にとると，ターゲットエロージョンがセットポイント指示値よりSiの比率が高いと，スパッタ率が低いので2次電子生成率が低く，放電電圧は高くなるが，逆にSiO_2の比率が高くなると2次電子生成率は高くなり，放電電圧は低くなる。その信号をO_2ガスのMFCに入力して，O_2ガスの調整を常時行い所定の成膜速度に維持する。

この方法は，材料としてはSiとAlなどの場合に有効である。Si，Alなどの材料はバリア膜として重要であるが，これらの傾斜膜であるSiO_2からSi_3N_4膜などへの変化も，反応性ガスとしてN_2を加えることで可能となり，また高速化も可能である。

このインピーダンスコントロールが可能な材料は限られている。すなわち，①制御するためには十分な放電電圧の差がないとできないので，メタルターゲットの放電電圧（Arのみで放電した場合）と，反応性ガス導入時の化合物膜での放電電圧（O_2過剰で放電した場合）の差が十分大きいこと，②カソード電圧を検知してそれが一定になるように，反応性ガス導入を制御するので，カソード電圧と反応性ガス量が一対一に対応した関係でなければならない[7]。したがって，Nb，Ta，Tiなどの酸化物のような光学膜材料で使う高屈折率材料の主なものは使えない。

図4では，カソードはシングルカソードを用いているが，デュアルカソードを用いてそれぞれにパルス電源を用いる方法や，交互にサイン波をかける方法などもある。サイン波をかける場合は，常に2つのカソードに交互にかけ，しかも波形が同じなので，パルス波と比較すると，デューティー比は50％一定となり，パルス変調はできない。

この方法での電圧値はカソードから持ってくるので，カソードを細かく分けない限りは，1点

からの情報となり，例えば大型カソードで3mを超えるような場合には，局所的には対応できないため，PEM制御と比べると不利である．この制御方法をとる場合には，Roll to Roll型の装置で成膜を行うとして，およそ1m程度までが，膜厚均一性を保つための限度となる．

1.5 プラズマエミッション（PEM）制御

図6に制御系を示す．図4のインピーダンス制御との違いは，電源からの電圧信号ではなく，ターゲット上でのプラズマの発光強度を信号として取り出していることである．図7に発光の取り出し口（コリメーター部）を示す[6]．図7(a)は小さいカソードにつけた例であり，先端はコリメーターと呼ばれる細い管でできている．これは消耗品で交換可能であるが，この役割は直進する光束のみ取り出していることであり，それを光ファイバーにてコントローラーに送り，ここで光電子増倍管により電気信号に変え，O_2量の制御に用いる．図7(b)は矩形カソードの発行時の例である．

図8は制御例を示しており，図8(a)はTiO_2成膜の場合を示している．Tiの発光を示しておりO_2量がゼロの場合は，発光量が多く，徐々にO_2量が増加するにしたがい，発光量が減少していくのがわかる．TiO_2制御の場合は，この発光スペクトルの内，500 nm波長をナローバンドフィ

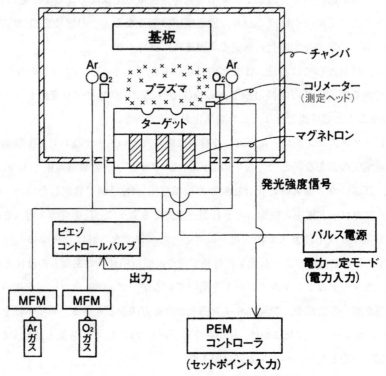

図6　プラズマエミッション制御系（PEM制御）

第3章 高速真空成膜技術

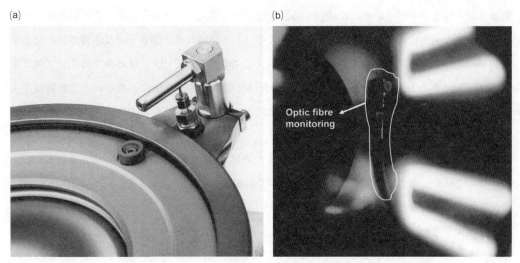

図7 (a) PEM制御 コリメーター部，(b) PEM制御 デュアルカソード測定例

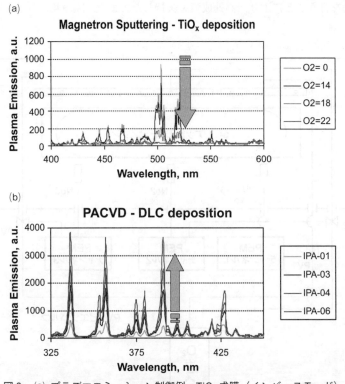

図8 (a) プラズマエミッション制御例 TiO_2 成膜（インバースモード），
(b) DLC成膜（ダイレクトモード）

ルターで取り入れ，そのスペクトルの変化を利用している．CCDにて，各波長を取り入れて，そこから利用する波長を取り出すことも可能である．制御は，このTiの発光量をある一定の制

御ポイント（セットポイント）に維持するようにガスを導入する方法となる．この制御は，ガスが増加すると発光は減少するので，インバースモードと呼ばれる．図8(b)は反応性ガスの発光を制御用のスペクトルとして利用する場合であり，この例では，CVDプロセスでのイソプロピルアルコールによるDLCの場合を示す．この場合は反応性ガスの増加にしたがい，化合物膜が成長する方向になる．この制御では，ガスの増加により発光が大きくなるので，ダイレクトモードと呼ばれる．

SiO_2膜では，Siの発光が紫外線の近くになるために，O_2ガスの780 nmでの発光を利用する場合が多くなった．そのため，ダイレクトモードでの制御となる．

図9に，大面積基板で酸化物を成膜するときのPEM制御を示す．幅が広い場合には，膜厚均一性を確保するために，まず，ガスの分圧が広い幅の全面にわたって均一になることが重要であるが，Ar分圧とO_2分圧の比が一定になっていないと，成膜速度が変化してしまう．そのために反応性ガスのガス配管を分けて，それに対して各コリメーターにてプラズマ発光を取り込み，各位置での制御を行うことにより，高速成膜を維持したままで，膜厚均一性を良好な状態に保つ

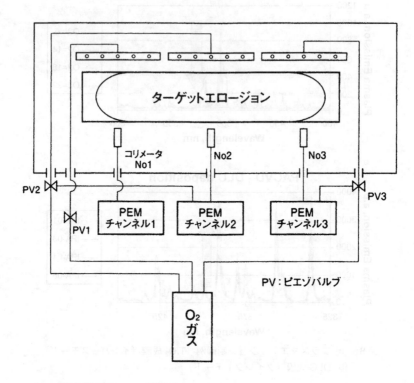

幅広基板でのPEM構成
図9　大面積基板でのPEM制御系（O_2ガス）
ターゲット幅方向に3分割して制御

ことができる。排気速度によるが，70 cm 間隔程度での PEM の制御とそれに伴う O_2 ガスの導入により達成される。

図10は，Al_2O_3 の場合を例にとって，O_2 ガス量と放電電圧値，PEM 値を比較したものである。O_2 ガス量は MFM より段階的に上昇させ，そのときの各値を比べているが，電圧値と PEM 値とほぼ同様な挙動を示すことがわかる。電圧値のほうで，初期値より O_2 を導入した直後にむしろ上昇しているのは，Al は非常に酸化しやすいためにスパッタが始まるときの表面は残留水分などの影響によりわずかに酸化された状態になっていて，それがスパッタされることにより，むしろ金属表面が露出したものと考えられる。O_2 の導入は固定量入れているためにヒステリシスが存在し，O_2 増加時と減少時においてそれぞれの信号は同じにならない。制御時は，この中間位置でのガス導入となり，ヒステリシスは生じない。

図11は，Nb_2O_5 の例を用いて，インピーダンス制御では，Nb などの制御ができないことを示している。すなわち電圧値はゼロから酸素の増加とともに上昇し，一端極大値を経てから減少するという変化をし，単調に増減しないため，O_2 の変化に対して直接的な相関がとれず，制御にはなじまない。そのため，インピーダンス制御は発光を取り入れない分装置が簡便ではあるが，制御できる材料に制約があり，信号取り出し位置がカソード電極の中央部のみ 1 点となるため，1 m を超えるような大面積基板における膜厚均一性を確保するには難点がある。

1.6 バリア膜での PEM 制御

バリア膜の場合には，SiO_xN_y あるいは SiC_xON_y などの膜が有望視され開発が行われている。これらの膜について，高速成膜する方法の例を示す。

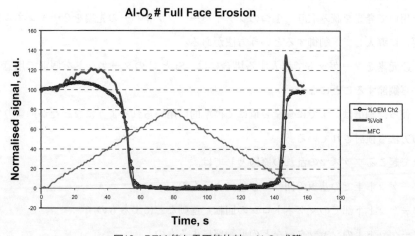

図10　PEM 値と電圧値比較　Al_2O_3 成膜
酸素を段階的に変化させたときの発光信号と電圧値

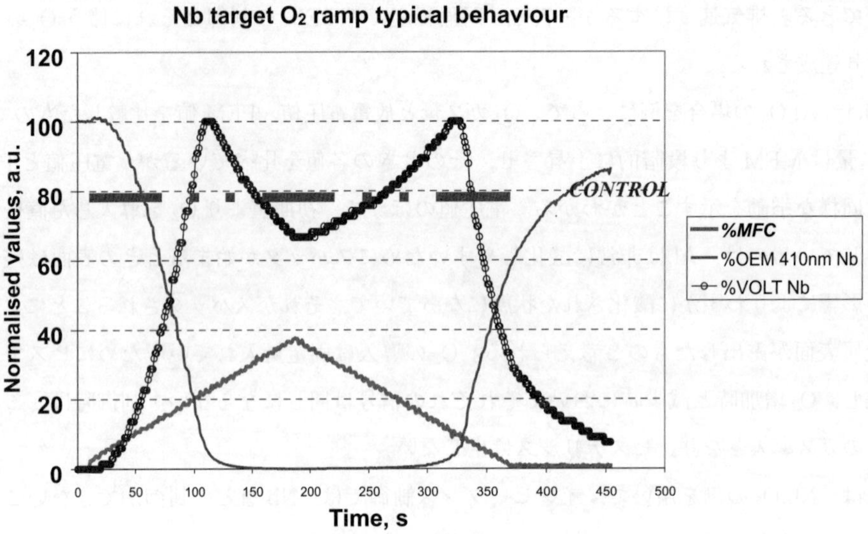

Nb target O₂ ramp typical behaviour

図11　PEM値と電圧値比較　Nb_2O_5成膜
酸素を段階的に変化させたときの発光信号と電圧値

SiO_xN_yの場合には，O，Nなどの元素は，それぞれ反応性ガスとして，O_2およびN_2ガスを使うのが一般的である。この場合に，N_2は固定して導入しO_2ガスを発光波長で制御する。SiC_xON_yの場合には，いくつかの方法が考えられるが，Cをガスで導入する場合には，CO_2とN_2などをともに導入することになる。まず発光量を読み取るために，基礎データとして，各ガスでのそれぞれの発光量をガス量に対して取っておく。その場合に，各ガス種の欲しいガス導入量に対してそれぞれ感度を変え発光量の信号が，CO_2とN_2で同じになるように調整する（CO_2の場合には，酸素のピークか炭素のピークのどの波長を使うか決めておく）。制御時には2チャンネルを用いて発光を読み取り，1つのファイバー（ファイバーの先端を2チャンネルにしたものが必要）に導入して，制御するという方法がある。

また，C元素をターゲットで導入する場合には，SiとCのターゲットを個別で用意し，C量は電源から調節することになる。

発光を使った制御は，すでに量産装置にて標準的に用いられるようになったが，より安定して制御する方法も検討されている。

生産上で起こるプラズマの乱れの原因としては，

・　ターゲット上での基板の回転，移動によるもの
・　ターゲット下部でのマグネトロンの回転，遥動などによるもの
・　ターゲット上のシャッターなどの可動部によるもの
・　回転カソードなどのターゲット回転によるもの

第3章　高速真空成膜技術

- ・アノード上への絶縁物の堆積によるもの
- ・チャンバー内のアウトガスの変化によるもの

などが挙げられる。

　これらの微小なプラズマ変動に対しては，発光スペクトルを1つではなく，放電ガスであるArガスの発光をチェックして，Arガスと反応性ガスとの発光比を用いて制御するのが一般的であり，工場内の電圧降下などにも影響されないように対応できる。

文　　献

1) S. Schiller, U. Heisig, Chr. Korndorfer, G. Beister, J. Reschke, K. Steinfelder, J. Strumfel, *Surface and Coating Technology*, **33**, 405 (1987)
2) S. Schiller, K. Goedicke, J. Reschke, V. Kirchhoff, S. Schneider and F. Milde, *Surface and Coating Technology*, **61**, 331 (1993)
3) S. Berg, T. Larsson, C. Nender and H-O. Blom, *J. Appl. Phys.*, **63**(3), 887 (1988)
4) T. Larsson, H-O. Blom, C. Nender and S. Berg, *J. Vac. Sci. Technol.*, **A6**(3), 1832 (1988)
5) 小島啓安，現場のスパッタリング薄膜　Q&A，日刊工業新聞社（2008）
6) GENCOA社技術資料，富士交易 kikuchi@fuji-koeki.co.jp
7) S. Schiller, U. Heisig, G. Beister, K. Steinfelder and J. Strumpfel, *Thin Solid Films*, **118**, 255 (1984)

2 誘導結合型-CVD

松原和夫*

2.1 はじめに

㈱セルバックでは15年前から独自の高密度プラズマCVDの開発を進めてきた。スタートは半導体のゲート絶縁膜を低温で作る目的であったが，その後液晶の低温ポリ用微結晶シリコン，有機ELの薄膜封止プロセスに方向性を絞って進めてきた。

あらゆる技術的問題をクリアし，ユーザーの要望に応えるため，常に技術革新に取り組んできた。

その流れでフィルムやプラスチックに対しての，ハイバリアの高速成膜，低温成膜において重要性が要求される，パッシベーション層及びハードコート層としての無機膜（SiN, SiON, SiO$_2$）に着目し，高密度プラズマCVD装置を開発した。現在市販されているフィルムに直接成膜でき，高いスループット（生産性）を持っている。室温で対象物に直接成膜できる常温成膜という特徴をプラスチックの表面処理に適用できると考え，現在ディスプレー，太陽電池フロントシート，タッチパネルフィルムを高密度プラズマCVD装置で成膜している。

2.2 誘導結合型 ICP-CVD

誘導結合型 ICP-CVD の概要を図1に示す。基本的な構成として真空チャンバー，真空排気系，ガス導入部，高周波透過窓，誘導型プラズマソース，整合器，RF電源から構成されている。

基本的プロセスは減圧された真空チャンバーに，MFCより制御されたSiH$_4$, NH$_3$, N$_2$, O$_2$ガスが流れてくる。一定の決められた圧力に制御するための圧力コンダクタンスバルブが常に圧力をフィードバックされており，所定の圧力になるとRF電源から印加された13.56 MHzの高周波が，整合器を通じて誘導コイルに流れ，誘導コイルに誘導電界が高周波透過窓を通じてプラズマ放電を発生させる。

プラズマ放電では真空チャンバー内でのガスの衝突により，相互に活性化されラジカルとなり，熱的励起では不可能な低温での成膜が可能となる。

$$SIH_4 \rightarrow SiH^* + H_2 + H^*$$
$$NH_3 \rightarrow NH^* + H_2$$
$$O_2$$

ラジカル反応によりSiN, SiON, SiO$_2$のようなシリコン系無機膜が形成される。

---

* Kazuo Matsubara ㈱セルバック 代表取締役

第 3 章 　 高速真空成膜技術

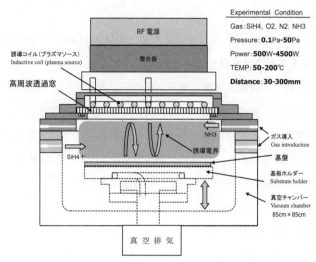

図1　誘導結合型 CVD 概要図

　これらの反応は RF 電源，圧力，ガス比率，温度，基板距離により変化する。

　図 2 に表示されている 6 角形クラスター室を備えた構成は，誘導結合型 ICP-CVD の成膜室が 2 台，スパッタと蒸着を兼ねた成膜室とロードロック室からなり 500 mm × 400 mm サイズの基板に SiO_2，SiON，SiN，α-Si を成膜することができ，成膜室 1 はモノシラン系ガスを使用し，成膜室 2 は液体ソースの TEOS，HMDS を成膜することができる。

　蒸着室は電子ビーム蒸着及び抵抗加熱式蒸着，スパッタと 3 種類の成膜方式が対応可能で，金属膜，ITO などの成膜ができる。

　SiON の成膜速度は 300 nm/min で有機 EL バリア成膜を行い，微結晶シリコンにおいても 200

図 2　誘導結合型プラズマ（ICP）-CVD（クラスター型）

℃前後での成膜を実現している。

　SiO_2 においては低ストレスを目的としているため，膜厚3000 nm，±10 Mpa 以下の SiO_2 を透明消光係数0.00001以下で成膜を達成している。

　最近ディスプレー材料，太陽電池部材，電子ペーパー，タッチパネルなどの基材として従来のシリコンやガラスにかわり，安価な樹脂フィルムを用いる研究が注目されている。しかし化学的安定性，密着性，透明性，バリア特性をどのようにして得るのかという大きな問題が残されている。有機 EL などと同じ課題であり，誘導結合型プラズマ (ICP)-CVD 装置によって成膜した無機膜，特に SiON がこの問題を解決する手段として有効である。

　誘導結合型プラズマ (ICP)-CVD のメリットを下記に示す。

- 低温で各種の無機膜が成膜できる
- ステップカバレッジに優れている
- 光学特性に優れている
- 薄膜の組成を制御できる

現在装置の成膜特性を下記に表す。

- 基盤寸法：400 mm×500 mm
- 成膜速度：SiO_2 800 nm，SiON 400 nm
- 膜厚均一：±7％
- 最大膜厚：10000 nm
- 屈折率均一性：0.01
- 屈折率制御：0.001制御可能
- 埋め込み：アスペクト比2.5

　成膜特性で重要な要素の1つである平坦性について，ガラス基板に誘導結合型プラズマ (ICP)-CVD で成膜したものを図3に表示する。平均面粗さは0.8 nm の特性が得られ，今後進

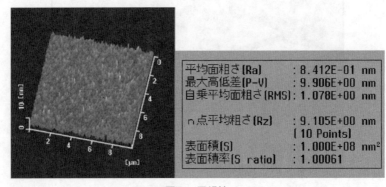

図3　平坦性

第 3 章　高速真空成膜技術

展するフィルム型有機 EL ディスプレーのベース材料にバリア膜として使用できるレベルにある。

CVD の最大の特長であるステップカバレッジ特性も，図 4 に表示されたデバイス構造のテーパボトム部に膜が埋められているが，この膜構成は 3 層膜が連続でガス流量を変化されることにより，膜ストレスのないガスバリア膜が成膜でき，一層目に SiN を 200 nm，2 層目に SiO_2 を 1000 nm，3 層目に SiN を 200 nm 成膜し，全体の膜厚が 1400 nm の，蒸着やスパッタ装置では対応の難しい高速で低ストレスの膜の構成が，SiO_2 の低ストレス膜により SiN の上下のハイストレス膜の応力を緩和している。

デバイス成膜後加湿度試験条件 65 ℃，湿度 90 %，500 H 後でも，膜剥がれがなくデバイスの特性が損なわれることはない。

現在対応できる基板面積は 1100 mm × 1300 mm で，膜種として α-Si，SiO_2，SiON，SiN，SiC が成膜でき，低温で成膜する特長を活かし，従来では考えられなかったフィルムや有機物に，微結晶シリコン成膜，耐候性ハードコート膜，バリアコート膜の成膜が実現できる。

2.3　ロール対応誘導結合型-CVD

2.3.1　ロール対応 ICP-CVD

当社ではプラズマソースを大気中に設置し，真空中の成膜室と分離できるロール対応誘導結合型 CVD を製造している。

特徴としては高密度プラズマソースの採用により，従来は不可能と考えられていた 40 ℃ 以下の条件で緻密な SiON，SiO_2 が高速で成膜可能である。誘導結合型プラズマソースは平行平板型

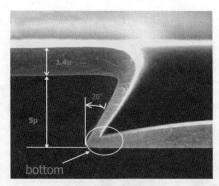

逆テーパ部への成膜例
図 4　カバレッジ特性

常温高密度 Plasma CVD 装置は非常に良いステップカバレッジを示す。
逆テーパ部に成膜したサンプルの顕微鏡写真である。
逆テーパの最も奥まで成膜されている。
SiN 200 nm/SiO_2 1000 nm/SiN 200 nm

プラズマCVDと比較してプラズマ密度，電子密度，イオン電気密度が2桁高いため，イオンエネルギーが2桁低くなり，これらの効果により，発熱の原因が軽減され高速で低温の成膜が可能となる。

現在当社で設置されている，ロール対応誘導結合型-CVDを図5に示す。この装置はフィルム幅625 mm，コア径3″〜6″インチ，ロール外形300 mmが成膜可能で，SiONを80 nm成膜時に1000 mm/minの送り速度を達成している。

水蒸気バリア特性においても0.01 g/m^2/Day以下を達成しており太陽電池用フロントシート，電子ペーパーの用途に対応でき，生産性においても十分対応できるレベルであると考えている。

現在有機EL用のハイバリアフィルムや電子ペーパー用フィルム，太陽電池フロントシートにも対応できるバリア性能が認められ，国内ユーザー及び海外ユーザーに装置を導入して頂いている。

平行平板型CVDでは不可能なプラズマソースと成膜物とのロングギャップ，電極が一切成膜室にない構造のため，セルフプラズマクリーニングの容易性，40℃前後の低温成膜による低ダメージ，現在高機能フィルムにおけるユーザーの要望に対応すべき装置になっている。

2.3.2 バリア特性

ロール対応誘導結合型-CVDで成膜したバリア特性におけるターゲットを図6に表す。各種ロールフィルムに成膜したバリア特性及びフィルム基材，用途向けを示している。

当社ではターゲットを電子ペーパー，太陽電池フロントシート，OLEDのバリアシート用に進めてきたが，バリア特性においてはユーザーの要求レベルにまで達しており，生産量，コストの問題を残す所だが，一部ユーザーでは受け入れられる所まできている。

図5　ロール対応誘導結合型-CVD

第3章　高速真空成膜技術

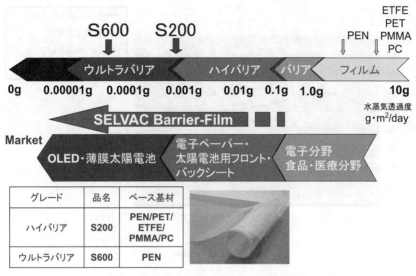

図6　セルバックガスバリアフィルム特性

バリア測定において0.01 g/m^2/Day まではモコン法にて測定しているが，それ以上の測定については，10 cm×10 cm に無機膜が成膜されたフィルムをカットして，カルシウムを蒸着し，その後当社の枚用式CVDで3000 nm の無機膜を成膜し，リファレンス用にガラスカバーで封止した成膜基板を加湿器に温度65℃湿度90％にてダークスポットを確認している。

生産性についてもモコン限界を超える特性の0.01 g/m^2/Day において，10時間連続成膜でm/min の速度を達成している。

2.3.3　光学特性

光学特性はハイグレードガスバリア特性においても重要は要素の1つである。図7には光透過性における当社シリコン系無機膜の光学特性を表す。

図中の無加工フィルムはブランクのPENフィルムで，Sample Bはその表面にロール対応誘導結合型-CVDで成膜した反射防止膜の特性を示している。全波長において2％前後の光学特性の向上がみられ，バリア特性と光透過性特性の優れた膜質が求められる電子ペーパー用の膜質にも対応できている。

Sample Aは図2の誘導結合型-CVDで400 mm×500 mm をガラス表面に成膜したもので，短波長に近い領域で2％以上向上している。無加工ガラスはディスプレーガラスで何も成膜していないブランク状態である。

短波長は青色領域での光学特性に優れた膜特性を示し，LEDやディスプレーで一番光量の出にくい青色領域に波長をあわせ膜特性を絞っているが，ロール対応誘導結合型-CVDで，屈折率が1.45から2.00の膜が成膜条件を変えることにより連続成膜している。

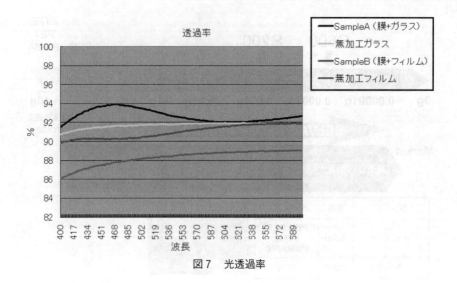

図7　光透過率

2.3.4 誘導結合型-CVD と PVD の比較

当社の CVD と従来の成膜方法との違いや優位性を参考比較しやすくした，装置や膜特性を表1に示す。

ハイバリア性フィルムにおいて重要なポイントは膜応力の最小化，密着性，屈曲性であるが，膜応力については，図8のフィルムはロール対応誘導結合型-CVD で成膜したハイバリアの無機膜で通常 −50 Mpa 前後であり，これは厚み25μm のフィルムに成膜してもカールしない膜ができる。バリア特性を求めるユーザーニーズもできるだけ薄い基材を使用する方向に進んでいる。

表1　セルバック CVD と蒸着（PVD）との比較

SiON 膜成膜比較	セルバック CVD	蒸着（PVD）
膜応力ストレス	小さい 50 Mpa 以下	大きい 1000 Mpa
密着性	化学結合　高い	物理結合　低い
屈曲性	良い	悪い
WVTR（水蒸気バリア）	0.001 g/m^2/Day 以下	0.1 g/m^2/Day 程度
分子径	小さい	大きい
成膜レート	～300 nm/min	50 nm/min
装置の大型化	可能	可能
クリーニング/メンテナンス	セルフクリーニングにより簡易	防着板交換など煩雑
原料コスト	安価	高価
その他	厚膜を一度に成膜可能 1000 nm 以上堆積可能	複数回繰り返すことで可能 500 nm 程度まで

第3章　高速真空成膜技術

図8　成膜後のPETフィルム

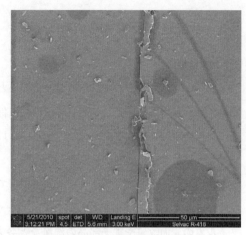

図9　成膜後のクラック

　高密度プラズマで低温成膜すると，圧縮方向に膜ストレスが発生するが，膜応力が150 Mpaを超えると，加湿試験やバリア特性を測定した後，クラックが発生し膜特性が劣化する。

　図9はフィルムに高いストレスの無機膜を成膜し，SEM画像でクラックやひび割れを捉えた画像である。この膜のストレスは300 Mpa前後で成膜したものだが，取り出し直後や一カ月室温で置かれた状態では全く変化はみられない。

　密着性においても，ロール対応誘導結合型-CVDで無機膜を成膜後，環境試験器で温度85℃湿度90％の環境下においても膜剥離がなくバリア特性を維持することができ，屈曲性も直径30 mm，幅600 mmの丸棒に成膜後のフィルムを巻きつけて，外観を確認後，バリア特性を確認しても性能の劣化はみられない。

2.4　おわりに

　当社の15年以上にわたるあらゆるプロセスの経験から最適化された膜質，膜種，膜構成が，ガスバリア特性の技術向上により，新たな分野で役立つことを願います。

3 大気圧プラズマCVD

澤田康志[*]

3.1 はじめに

プラズマとはガス中の原子が高周波電界などによりイオンや電子，ラジカルなど活性な粒子に励起され，且つ系全体として電気的に中性に保たれた状態をいう。従来は放電を安定化させるために，真空ポンプで放電チャンバーを1 kPa以下の高真空に保ち，電極間に高周波を印加してプラズマを発生させ被処理物を処理した。

これに対して，大気圧プラズマは大気圧下で減圧プラズマと同等のプラズマ処理を行う画期的な技術であり，真空ポンプや大型チャンバーが不要で，システム構成が極めて単純であるため，フィルムの表面改質や電子部品の洗浄など各方面で急速に応用が拡がってきている[1]。さらに表面改質や洗浄だけでなく，プラズマCVD（Chemical Vapor Deposition）による薄膜形成を大気圧下で行い，材料表面に機能性を付与する技術の開発が進んできている。本節ではガスバリア性の観点から大気圧プラズマCVDの応用についての解説を行いたい。

3.2 大気圧プラズマ

大気圧プラズマCVDによる薄膜形成技術は，誘電体バリア放電およびアーク放電を応用した2つの方法に大別される。以下その内容を説明する。

3.2.1 誘電体バリア放電

平行に設置した一対の電極に誘電体材料を介在させ，希ガスなどの放電開始電圧の低いガスに反応性ガスを少量添加して流通させ，両電極間に高周波電界を印加することにより，限られた空間ではあるが，大気圧でも表面処理に適した均一で安定したグロー放電が得られる。Ar-He混合ガス（混合比：Ar/He＝1/10）を使用した誘電体バリア放電でのAr長寿命励起原子の時間的，空間的な挙動をGaAlAs波長可変半導体レーザの吸光分析により評価した結果を図1に示す[2]。本図では810 nm線の吸収により求めたAr（$1s_4$）共鳴準位の電極間での密度分布の動作圧力に対する変化を示すが，圧力の上昇に伴って密度のピークが誘電体近傍に近寄って局在する傾向が見られる。また，時間的，空間的に均一なプラズマが形成されることもわかる。ラジカル密度はおよそ8×10^{-9} cm^{-3}である。

大気圧プラズマの装置構成としてダイレクト方式，リモート方式に大別できる。表1にそれぞれの構成と特長を示す。ダイレクト方式は基板を直接プラズマに晒して処理する方法で，リモート方式に比べて処理速度が速くまた所要ガス量も少なくて済む。しかし，電極間隔が5～10 mm

---

[*] Yasushi Sawada　エア・ウォーター㈱　総合開発研究所　部長

第3章 高速真空成膜技術

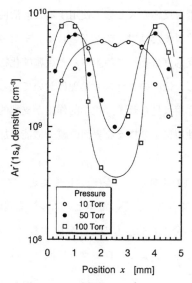

図1 大気圧グロー放電における電極間の Ar*（1s$_4$）ラジカルの密度分布[2]
電源周波数：13.56 MHz，電力密度：0.2 W/cm^2，Ar/He＝1/10，
X＝0 は接地電極上の誘電体表面とする。

表1 誘電体バリア放電の2方式

	ダイレクト方式	リモート方式
構成	放電空間に基板を通し直接プラズマを処理する方法	放電空間から活性種を下流の基板に吹き付けプラズマ処理する方法
特長	・処理速度が速い ・一般に所要ガスが少ない	・基板へのダメージが少ない ・サンプル形状の制約が少ない

と狭いので，サンプルの厚みと形状に制約を受ける。また，集積回路（IC）や液晶薄膜トランジスタ（TFT）のような半導体は，荷電粒子の蓄積によって電気的なダメージを受ける。

このような欠点を補う狙いでリモート方式が開発された[3]。本方式では電極間にガスを送入しながら高電界を印加してプラズマを発生させ，これを電極下端よりジェット状に吹き出し，活性なラジカルを死滅させずに基板に高速に吹き付け，基板表面を瞬時に洗浄，改質する。被処理物は連続的に搬送，またはあらかじめプログラミングされた場所に移動させて必要部分のみ処理する。従って，サンプル形状の制約が少ない。また後述するようにラジカル主体の改質であり，半導体などへの電気的なダメージが極めて少ない。

大気圧プラズマにおいて酸素を反応ガスとして使用すると，活性な原子状酸素により有機材料の炭素原子が酸化作用を受け改質またはアッシングされる。また微量の有機汚染物は二酸化炭素の形態で除去される。水素を反応ガスとして使用すると金属酸化物は還元される。還元の程度は金属酸化物の安定性に依存する。低圧のプラズマ処理において見られるイオン衝撃によるスパッタリング効果のような物理的作用は見られず，化学的作用が支配的である。更に酸素や水素だけでなく，フッ素や特殊ガスの使用により様々な表面改質や機能付加が可能である。

3.2.2 アーク放電

図2にプラズマトリート社㈲の開発した，ジェット式大気圧プラズマ装置を示す[4]。本装置では，内部電極に高周波・高電圧を印加し，その電極とノズルの先端間でのアーク放電を利用して，安定したプラズマをノズルから発生させるもので，発生するプラズマはポテンシャルフリーで，オゾンの発生もほとんどないという。また，ロボットに取り付けて処理をすることもでき，複雑形状の部材の処理も可能である。

3.3 大気圧プラズマ応用によるCVD薄膜の応用事例

大気圧プラズマ技術を応用したガスバリア膜としては，SiO_2などの珪素系薄膜の合成法が提案されている。これは，ヘキサメチルジシロキサン（HMDSO）などの液状珪素系モノマーをガス中に混合し，プラズマ空間で基板上に薄膜を堆積させるもので，低温で高速に成膜できるため，フィルムなどへの応用も可能である。また，ダイヤモンド状炭素（DLC；Diamond-Like Carbon）のガスバリア膜合成の提案もなされている。

児玉らは，誘電体バリア放電を応用した大気圧プラズマCVD装置により，N_2/C_2H_2混合ガス（C_2H_2混合率50および75％）を用いて高ガスバリアDLC（Diamond-Like Carbon）薄膜の合成

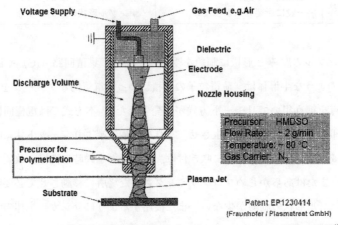

図2　アーク放電を利用した大気圧プラズマジェットCVD装置の構成[4]

第 3 章　高速真空成膜技術

を行っている[5]。報告によると堆積速度は毎分 4～9 μm 程度で，ガスバリア性も未処理の PET 基板の酸素透過率が 26.7 cc/m^2/24 hrs/atm に対し，大気圧プラズマ CVD 法により 25 秒堆積させた膜は，いずれの混合率においても，透過酸素が検出限界以下（>0.01 cc）となり，ほぼ完全なガスバリア性を実現できるとした。図 3 に児玉らが開発した連続的に成膜できるライン式大気圧プラズマ装置を示す。

　アーク放電を利用したプラズマジェット噴射システムにより耐腐食性に優れた薄膜が形成されることも報告されている[6]。形成された皮膜はアルミニウム表面の耐腐食性を向上させる。図 4 の上図は，アルミニウムの半分に耐腐食膜を形成し，DIN50021 規定の塩水試験を 96 時間施した

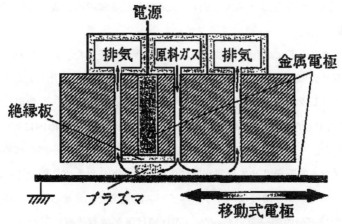

図 3　DLC 成膜用ライン式大気圧プラズマ装置の構造[5]

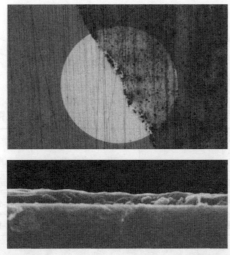

図 4　上図：珪素系薄膜で被覆したアルミニウム表面の塩水噴霧試験 96 時間後の顕微鏡写真
　　　下図：薄膜断面の電子顕微鏡写真（×50,000）[6]

ものの顕微鏡写真で，薄膜が形成された部分はまったく腐食しないことがわかる。下図は断面の電子顕微鏡写真であるが，約100 nm の薄膜が形成されている。表2には同じアルミニウムを用いて，保護コートなしのものと本法により耐腐食皮膜をコーティングしたもの，および耐食グリーススプレーによる保護膜を形成したものの塩水噴霧試験結果を示す。保護コートなしのものでは50時間程度，耐食グリーススプレー保護膜形成品では500時間程度の耐食性であるのに対し，本法による耐腐食コーティングを施したものは750時間以上の耐食性を示す。

3.4　TEOS，HMDSO を用いた大気圧プラズマ CVD 合成

本項では，筆者らが行ったテトラエトキシシラン（TEOS）およびヘキサメチルジシロキサン（HMDSO）を使用した大気圧プラズマ CVD による酸化珪素薄膜の合成について紹介する[7]。

3.4.1　実験方法

ヘリウムを希釈ガスとして使用し，酸素の濃度の影響を調査した。両ガスの純度は，99.999%以上であった。シリカ原料として，TEOS と HMDSO のモノマーを使用した。

装置は表1のダイレクト方式で，誘電体として2 mm 厚の石英ガラスを使用した。誘電体間の距離は14 mm に固定した。電源の周波数は15 kHz であった。下部電極内にヒーターを内蔵し，電極温度を制御した。モノマーはガラス容器に入れ，ヘリウムガスの一部をバイパスしてガラス容器に通し，モノマーを蒸発させて放電空間に供給した。ヘリウムガスの全流量は室温で10リットル毎分に固定し，モノマー濃度はヘリウムバイパス流量を変化させることで制御した。反応器の圧力と電極温度は実験の間一定であった。CVD 膜は下部誘電体板に置かれたガラス基板に堆積させた。

3.4.2　CVD 薄膜の膜質評価

形成された堆積膜の SEM 写真を図5に示す。膜は透明で表面にピンホールはなく，滑らかで厚さが一定であった。これは大気圧プラズマの放電状態が，真空プラズマと比較しても極めて均

表2　珪素系薄膜をコーティングしたアルミニウムの塩水噴霧試験結果[6]

SWAAT-Test	Test duration [hours]			
	50	250	500	750
Without corrosion protection	leak-free	*leaky*	*leaky*	*leaky*
Anticorrosion grease sprayed on	leak-free	leak-free	leak-free	*leaky*
Coating with PlasmaPlus® plasma	leak-free	leak-free	leak-free	leak-free

Table: Leak-proofness check by the salt spray (SWAAT) test:
Bold: Housing shows no leaks
Italic: Housing is leaky (corrosion on flange with breakthrough towards the inside)

第3章 高速真空成膜技術

図5　HMDSOにより合成したシリカ膜の電子顕微鏡写真[7]

一であることを示している。しかしながら，供給ガス中の酸素濃度が3 vol%を超えると堆積膜は透明性を失い，直径約0.5 mmの球形粒子が堆積膜で観察された。これは酸素濃度が増加すると，気相反応が活発化し，球形粒子が形成され膜中に混入したためと考えられる。従って，この研究では，酸素濃度は3 vol%未満とした。

原料モノマーと得られた重合体のFTIR分析の結果を図6(a), (b)に示す。酸素なしで堆積したTEOSとHMDSO重合膜の両方は，モノマーの構造を保有している。しかしながら，モノマーにない新しい吸収ピークも観察された（TEOS重合膜では1730 cm^{-1}のC＝O伸縮ピーク，880 cm^{-1}のSi-C伸縮ピーク，HMDSO重合膜では2120 cm^{-1}のSi-H伸縮ピークが観察される）。

酸素を添加することによって得られたTEOS重合膜は，電極温度50℃においても無機質の特性を有し，3650 cm^{-1}，3400 cm^{-1}および930 cm^{-1}の吸収ピークが増加した。これらのピークはプラズマ反応の間，TEOSと酸素との反応により生成したH_2Oが膜中に取り込まれて形成されたOH基に基づくピークである。

酸素添加によって得られたHMDSO重合膜では，かなりの量の有機成分が観測された。さらに，840 cm^{-1}（Si(CH$_3$)$_3$基中のSi-CH$_3$伸縮ピーク）と800 cm^{-1}（(Si(CH$_3$)$_2$かSi(CH$_3$)基中のSi-CH$_3$伸縮ピーク）とを比較すると，前者のピークの減少は後者のものより大きかった。これは，メチル基が側鎖に残留しつつ，HMDSO重合体の中の-Si-O-Si-構造が成長したことを示すものと考えられる。

種々の条件で成膜した酸化珪素薄膜のXPS分析の結果を表3に示す。重合膜の組成の深さ分布は極めて均一であった。酸素無添加で50℃で成膜したTEOS重合膜では，C(1s)スペクトルはC-H（285.0 eV）とC-O（286.5 eV）の2つの成分が認められた。

HMDSO重合膜では，286.5 eVのC(1s)ピークは認められなかった。しかしながら，FTIR評価結果からもわかるとおり，酸素添加系でも炭素の残留は認められた。

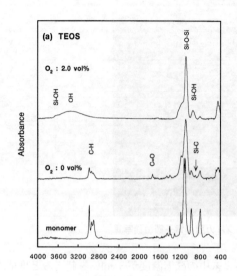
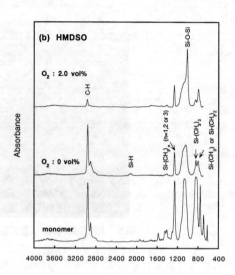

図6 (a) TEOS モノマーおよびプラズマ重合膜の FTIR スペクトル
印加電力：50 W，基板温度：50 ℃，ヘリウム流量：10 LM，モノマー流量：10.3 mg/分[7]
(b) HMDSO モノマーおよびプラズマ重合膜の FTIR スペクトル
印加電力：50 W，基板温度：50 ℃，ヘリウム流量：10 LM，モノマー流量：24.1 mg/分[7]

表3　TEOS および HMDSO 重合膜の XPS 分析結果
印加電力：50 W，ヘリウム流量：10 LM[7]

Monomer	Polymerization conditions			Binding energy (eV)				Film composition (at%)		
	Monomer Flow rate (mg/min)	Oxygen conc. (vol%)	Electrode temp. (℃)	C(1s) C-H	C(1s) C-O	Si(2p)	O(1s)	C	Si	O
TEOS	10.3	0	50	285.0	286.5	103.3	532.6	33	29	38
TEOS	10.3	0.3	50	(285.0)	—	103.8	532.9	0	36	64
TEOS	10.3	0	250	(285.0)	—	103.7	532.8	0	35	65
HMDSO	24.1	0	50	285.0	—	102.7	532.8	45	34	21
HMDSO	24.1	0.3	50	285.0	—	102.9	532.8	33	36	31
HMDSO	24.1	0	250	285.0	—	102.9	532.7	33	33	34
HMDSO	24.1	2.9	250	(285.0)	—	103.9	533.0	0	36	64
Reference	Fused quartz			(285.0)	—	103.7	532.7	0	36	64

第3章　高速真空成膜技術

図7　当社の開発した連続式大気圧プラズマ CVD 装置

3.5　大気圧プラズマ連続 CVD 成膜装置

　これらの研究成果をもとに当社では基板に薄膜を連続的に成膜する大気圧プラズマ連続CVD装置を開発した。その装置を図7に示す。処理幅400 mm で，搬送速度0.5～5 m 毎分で処理することができる。本装置で成膜速度が最大でおよそ毎分3 μm の酸化珪素薄膜を成膜することができる。得られた膜はピンホールがなく極めて均質である。プラスチック基板やガラス基板に珪素系のガスバリア膜や防汚膜として利用することができる。

3.6　おわりに

　大気圧プラズマ技術はCVDによるガスバリア膜をはじめ，表面改質，洗浄など，付与できる機能は多岐にわたり，応用分野も極めて広い。環境問題が重要視される昨今，本技術に対する期待度は極めて大きく，国内だけでなく，海外などでも研究開発が急速に拡がってきている。装置については，現在2 m 以上のものも試作されている。各種材料への機能性付与の有力な手段として今後ますます応用が拡がっていくものと期待できる。

文　　献

1)　S. Iwamori *ed.*, "Polymer surface modification and polymer coating by dry process

technologies", Research Signpost, Kerala, Ch. 2 (2005)
2) 橘, 杉本, 澤田, 応用物理学会第42回講演会要旨集, 33 (1995)
3) 澤田, 山崎, 井上, 小駒, 第8回マイクロエレクトロニクスシンポジウム要旨集, エレクトロニクス実装学会, 213-216 (1998)
4) 日本学術振興会繊維高分子機能加工, 第120委員会要旨集 (2008年5月23日)
5) 児玉, 鈴木, 電子材料, **2**, 59-61 (2007)
6) 日本プラズマトリート㈱技術資料：Adhäsion 2010年1-2月号
7) Y. Sawada, S. Ogawa and M. Kogoma, *J. Phys. D*, **28**, 1661 (1995)

第4章　真空ロールツーロール成膜技術

1　バリアフィルム用ロールツーロールプラズマCVD装置

沖本忠雄*

1.1　はじめに

　ディスプレイ表示素子や照明などのエレクトロニクス産業において，軽くて曲げられるフレキシブル性を付与した次世代のデバイス開発が盛んに行われている。これらのデバイスの実現にあたっては，長期間にわたって水蒸気や酸素による劣化から守ることができる透明な樹脂フィルムがコア材料として求められる。古くから蒸着やスパッタなどの方法で，水蒸気や酸素を遮断する透明バリア膜を樹脂フィルム上に形成し，ロールツーロールで高い生産性を保ちながら生産されている。しかしながら，次世代のフィルムベースエレクトロニクス産業が要求する樹脂フィルムのバリア性は従来の手法では容易に実現できるものではなく，水蒸気透過度（WVTR：Water Vapor Transmission Rate）$10^{-4} \sim 10^{-6}$ g/m²/day といった極めて高い水準が要求されている。

　本節では，スパッタや真空蒸着では容易に成し遂げられなかったハイグレードなバリア膜を形成することができるロールツーロールプラズマCVD装置を紹介する。

1.2　フレキシブルバリア膜形成の課題

　まず，ロールツーロール成膜装置におけるバリア膜形成での課題について述べる。

　バリア膜は樹脂フィルム上に薄いバリア皮膜を形成し水蒸気や酸素を遮断する目的の膜であるがゆえ，穴やクラックなどの欠陥があると欠陥部分から水蒸気や酸素がリークし，バリア膜の性能を十分に発揮することができない。欠陥はフィルムの曲げや熱による変形の応力や成膜プロセスの過程で付着したパーティクルが抜け落ちた痕などとして形成されると考えられる。また，真空チャンバ中に残存したダストなどが樹脂フィルムに付着したあと，ダスト上にバリア皮膜が形成され，巻取の過程においてバリア膜ごとダストが欠落することも考えられ，バリア膜の欠陥の原因となる。ダストは基板によって持ち込まれることもあるが，装置のチャンバ壁などに付着した皮膜が発生源となっていることが少なくない。ロールツーロール成膜装置は長時間の連続運転で使用されるので，真空チャンバなどに付着するダストの発生を極力抑え，長時間の運転でもバリア膜の欠陥の原因にならぬようにしなければならない。

　＊　Tadao Okimoto　㈱神戸製鋼所　機械事業部門　開発センター　商品開発部　主任部員

ロールツーロール装置では成膜の過程でフィルムの搬路のロールを通過するときにフィルムが曲げられ，バリア膜面には圧縮や引っ張りの応力が繰り返し働くので，このような曲げに対して強い耐性を持つバリア膜が必然的に要求される。高いバリア性を求めてバリア層の厚みを厚くしても曲げなどによるクラックが入りにくい優れたフレキシブル性がバリア膜に求められる。

さらに，ロールツーロール成膜装置は，高い生産性によって低コストで高いバリア膜を形成する性能が求められることは自明であり，従来の真空蒸着ではバリア性が不足であり，スパッタ法では生産性で課題が多い。

1.3　ロールツーロールプラズマCVD

樹脂フィルム上のバリア膜形成に要求される多くの課題を解決したバリアフィルム用ロールツーロールプラズマCVD装置を紹介する。本装置は，樹脂フィルムに柔軟なバリア膜を低コンタミネーション（低ダスト）で，しかも高速で大面積にロールツーロールで処理することを基本コンセプトとして専用開発されたコーティング装置である。

1.3.1　動作原理

当社が開発したロールツーロール方式のプラズマCVDは，図1に示すように樹脂フィルムを巻きつけた2本の電極に交流電力を供給して発生したプラズマに原料ガスを供給して，樹脂フィルム表面にプラズマCVD皮膜を形成するものである。2本の電極は搬送ロールを兼ねた電極ロールとなっており，回転しながら樹脂フィルムを搬送させて連続成膜する。成膜原料のガスとして酸素とHMDSO（Hexamethyldisiloxane：ヘキサメチルジシロキサン）を用いると樹脂フィルム上にフレキシブルでハイバリアなSiO_x皮膜が得られる。磁場でプラズマを制御して常に成膜対象の樹脂フィルム上で皮膜形成が行われるようにすることで，電極ロールへの不要な絶縁物（SiO_x）の堆積を回避することができ，長期間にわたる電気的な安定を確保できる。

1.3.2　フレキシブルなバリア皮膜を形成できるCVDプロセス

成膜技術として一般的にCVDという言葉が与える印象として極めて危険なガスを用いるというイメージがつきまとうかもしれないが，本装置では，危険なガスとして知られるシランなどを使うことなく，毒性が低く扱いやすい原料であるHMDSOを用いて極めて優れたバリア膜が得られるプロセスを提供できる。最小限のガス処理設備の設置は推奨するものの，半導体業界などで使われているような危険ガス用除害設備などの大規模な付帯設備を必要としないという点は，この分野に新規に参入を検討する企業にとってメリットを享受できるであろう。

有機シリコン系の原料ガスを用いると柔軟性のあるバリア膜が形成できるため，樹脂フィルム上においてもロールツーロールで数十nm～数μmという非常に広い膜厚範囲のバリア膜を形成できる。特に数百nmの厚みを超えるバリア膜を形成できる点は特徴的である。図2はバリア膜

第4章　真空ロールツーロール成膜技術

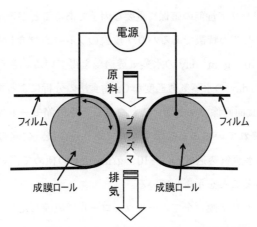

図1　ロールツーロールプラズマ CVD 動作原理

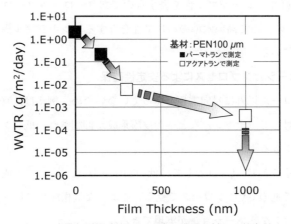

図2　水蒸気透過度のバリア膜の膜厚に対する依存性

の厚みに対する水蒸気透過度の関係を示したものである。いずれのサンプルも厚み100 μm の PEN 基板上に150 nm-m/min（搬送速度1 m/min の樹脂フィルムの上に150 nm の厚みの皮膜を形成）の成膜速度でバリア膜を形成したものである。

バリア性はバリア膜の膜厚が厚くなるほど向上するが，一方で，スパッタなどで形成された皮膜は，あまり厚くするとクラックなどの発生によってバリア性が低下することもよく知られている。これに対し，本装置で形成した CVD 皮膜は，数 μm の厚み領域においてまでバリア性の向上が得られ，非常に柔軟な皮膜である。

さて，一般的な解説[1]によると，バリア膜の厚みが n 倍になると，水蒸気透過度は $1/n$ 倍になるとされるが，図2が示す結果では，バリア膜の厚みが2倍となると，水蒸気透過度は一桁近く小さくなっている傾向が読み取れる。樹脂フィルムの表面の凹凸が影響している現象と推察されるが，バリア膜の膜厚が水蒸気透過度に対して極めて大きく寄与していることを示す結果であ

り，バリア皮膜の厚みがバリア性能の確保に重要な因子であることが理解できよう。

本プラズマ CVD プロセスの特徴であるバリア皮膜のフレキシブル性を活かし 1 μm の厚みのバリア膜を形成し，5×10^{-4} g/m^2/day の水蒸気透過度を得ている。さらに，プロセスの改善によって，5.5×10^{-5} g/m^2/day の水蒸気透過度が Ca 腐食法の分析によって得られている。図 3 は Ca 腐食法で得られた腐食面画像であるが，これを見ると点欠陥モードの腐食を示している。欠陥部以外のバリア性は優れていることを示すものであり，今後，欠陥の抑制を図ることで有機 EL などに必要とされる水蒸気透過度 $10^{-5}\sim10^{-6}$ g/m^2/day の極めて高いバリア性を有するフレキシブル基板が実現できることを示唆している。

なお，ここで紹介したバリア膜は全てロールツーロールで成膜したサンプルに基づいたデータであり，搬路のロールなどで繰り返しの曲げを受けたものである。これらの結果は，本装置で作製したバリア膜の良好なフレキシブル性を表すものであり，ロールツーロールで水蒸気透過度 $10^{-5}\sim10^{-6}$ g/m^2/day の極めて高い水準のバリア性を有するフレキシブル樹脂基板が実現に近づいていることを示している。

1.3.3 低コンタミネーションプロセスによる安定性確保

本プロセスは電極ロール以外に対向電極を持っていないため，例えば，真空チャンバなどの対向電極を持つ方式に対して，チャンバなどへの皮膜形成が抑制され，低コンタミネーションに大きく寄与することができる。

さらに磁場を用いることで，CVD としては低い動作圧力（Pa 台）での成膜プロセスが実現できており，高い圧力で他の CVD プロセスで見られるような気相成長に伴う白い粉状のダストの発生が抑えられ，低コンタミネーションが実現できる。

1.3.4 優れた成膜効率，成膜速度と幅方向に対しての均一性

図 4 に本ロールツーロール CVD の模式図を示す。2 本の電極ロールのフィルムで覆われてい

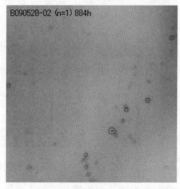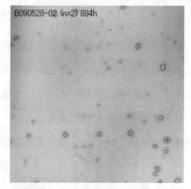

図 3　Ca 腐食法による水蒸気透過度測定（884 時間経過）
n 数 2 での測定。（左）4×10^{-5} g/m^2/day，（右）7×10^{-5} g/m^2/day

第4章　真空ロールツーロール成膜技術

る領域にプラズマを発生させているため，生成される皮膜物質（SiO_x）をフィルム上に効率的に堆積させることができる。これによって低コンタミネーションに寄与できることは前述したが，同時に対向電極やチャンバに付着してフィルム上のバリア膜とならず捨てられる皮膜量を削減することができ，原料を優れた成膜効率で皮膜形成できるのも本方式の特徴である。生産性にも優れ，バリア膜形成時の標準的な条件では，1 m/min の搬送速度の樹脂フィルム上で約150 nm の厚みのバリア皮膜を形成できる。現時点ではバリア性は犠牲となるものの，条件を調整することで生産性を6倍以上に向上でき，将来の高生産性に対する期待も大きい。

さらに，幅広フィルムへの拡張性も優れている。成膜ロール近傍に設けた磁場は幅方向のプラズマ分布の均一化の役割も兼ねており，m（メートル）幅を超える実生産への適用が可能である。

1.4 装置紹介

1.4.1 小型高機能 CVD ロールコータ（W35シリーズ）

当社では研究開発から小規模なサンプル試作に対応する小型ロールコータ（W35シリーズ（図5））を販売している。本節で紹介しているプラズマ CVD 機構だけでなく，スパッタ機構も搭載でき，ITO や金属膜やスパッタバリア膜など，多彩な成膜方法による基礎検証からサンプル試作も行える機動性が最大の特徴である。

W35シリーズロールコータは，ロールツーロール成膜装置で多用されたフィルム搬送系をチャンバ外に引き出す方式ではなく，ボックス型チャンバの前後壁にフィルム搬送系を両持ち支持し，左右両壁面をドアとして全面開放できる方式を採用した。フィルム搬送系は大気開放中もチャンバ内に残るので，搬送系の引き出しに必要なスペースを不要とでき，装置サイズと設置スペースの大幅な削減を実現している。クリーンルームなどの貴重な実験スペースの有効利用に寄与したいというコンセプトである。

左右両開きのドアには，スパッタ蒸発源や前処理用のイオン源・プラズマ源を搭載することができ，扉を開放して行える優れたメンテナンス性も特徴である。蒸発源を取り付けるポートには

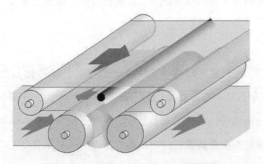

図4　ロールツーロール CVD 模式図

 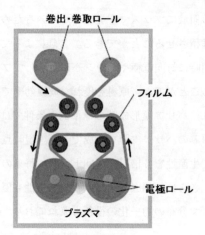

図5　小型高機能CVDロールコータ（W35シリーズ）　　図6　搬送構成例

ビューポートも設置可能で，真空中の成膜前後のフィルムの様子を観察するにも役立ち，本装置の機動性は，研究開発や小規模開発での優れた利便性を与える。

図6にW35シリーズプラズマCVD装置の搬送構成の模式図を示す。実際には，利便性や皮膜性能の向上のためのロール類が加わるが，ここでは説明を省略する。搬送系はコンパクトな装置であるためシンプルな構成であるが，フィルム走行の安定性を重視して，構成するロールは全て両持ち支持とする他，張力制御の機能も有し，すべりや蛇行巻きズレなどの搬送異常の発生しにくいフィルム搬送系を実現している。

W35シリーズではフィルム幅800 mm以下に対応でき，研究開発や小規模生産において，小型でありながらも優れた性能と機動性を提供できる。

1.4.2　生産用途への適用

本ロールツーロールプラズマCVD装置は，原理上，幅方向の拡張性に優れる利点を有しているため，幅広の装置への適用が比較的容易である。生産装置では，電極ロール近傍のメンテナンス性を高めた構造を採用し，太径の巻出・巻取ロールを搭載できるような搬送レイアウトとするなど，スパッタ生産機で得たノウハウを活かした装置構成で提案できる。

1.5　まとめ

本節では，ガスバリアフィルムのバリア膜コーティングに特化したCVD機構を搭載したCVDロールコータを紹介した。当社では，CVD＆スパッタ兼用のW35シリーズロールコータを設置しており，当社の技術開発に活用するとともに，ロールフィルムへのサンプル試験や，装置導入にあたっての事前検証や生産装置設計のための基礎データ採取などの活用を行っている。生産装置を提案できる段階になっており，本装置が今後のディスプレイ表示素子や照明などのエレ

第4章 真空ロールツーロール成膜技術

クトロニクス分野の次世代フレキシブルデバイスの発展に貢献できれば幸いと考えている。

文　　献

1) 伊藤義文, 最新版！ハイバリア蒸着フィルム, 日報, p.12 (2001)

2 マルチターゲット型ロールツーロールスパッタ装置

小川倉一*

2.1 はじめに

プラスチックフィルムへの成膜技術は，各種薄膜の機能性を活用するため，金属・合金・化合物薄膜を多層化することにより複合機能を発現させる利用が中心となっている。これらを実現するためのマルチターゲット型ロールツーロールスパッタ装置の概要と応用例を紹介する。

2.2 ロールツーロールスパッタ装置の要素技術[1,2]

ロールツーロールスパッタ技術において，スパッタ成膜をはじめ真空技術，フィルム走行技術，前処理技術，メンテナンス技術等が重要である。

スパッタ法による高品質な薄膜を形成するためには，プラズマ中のメインガスであるArや必要な反応性ガス以外の不純物を除外することが大切であり，放出ガスが極力少ないことが重要である。真空排気システムにおいては，油の逆拡散などの影響のないドライポンプやターボ分子ポンプを組み合わせたドライ系排気システムが適している。基材となる高分子フィルムは水分を多く吸蔵しているため，クライオコイルが不可欠である。フィルム走行系においては，傷やシワ，蛇行による巻きズレなどが発生しないことが必要で，フィルムの特性にマッチしたロール精度や構成及び制御システムが必要である。

スパッタ成膜時に熱ダメージを受ける原因として，フィルムからの放出ガスによりドラムから浮いた状態になり，熱ダメージを受けシワやカールが発生する。これらの問題を解決するため，成膜前の段階に加熱機構を設置するか，別の加熱システムを備えた真空装置で脱ガスする方法が採用されている。

さらに表面改質技術としてプラズマ処理技術が併用されており，スパッタ膜の付着力の向上やフィルム表面の微細なパーティクルの除去に有効であり，同時にフィルムに吸着している不純物ガス分子の除去にも効果がある。

ロールツーロールスパッタ装置は種々な複合技術の組み合わせで構成されているため，設備規模や生産性に対応して設計する必要がある。

図1及び図2にロールツーロールスパッタ装置の代表例を示してある。図1は1つの真空槽で構成された最も一般的な装置であるが，UW，RWを高い位置に配置しているためフィルムの交換やメンテに難がある。図2は複数真空槽で構成しているためUW，RWが独立した真空槽に設置されているので，扱いやすい位置に配置され，成膜室まで広く長い空間が確保でき，充分な前

---

* Soichi Ogawa　小川創造技術研究所　代表

第4章　真空ロールツーロール成膜技術

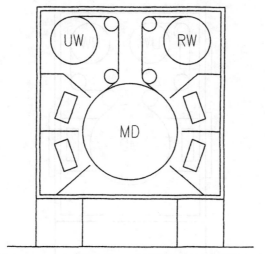

図1　フィルム走行式スパッタ装置模式図（生産機例1）

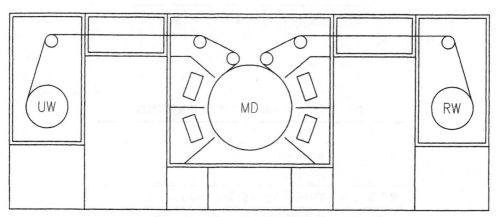

図2　フィルム走行式スパッタ装置模式図（生産機例2）

処理機構等の設置も可能である。

図3に研究開発用のテスト装置として小型フィルム走行式スパッタ装置を，表1にその概略仕様をそれぞれ示してある。

2.3　縦型フィルム走行式スパッタ装置[3]

これまでの通常のロールツーロールスパッタ装置のフィルム走行はほとんどが水平走行式だが，近年フィルムの垂直走行式スパッタ装置が開発され利用され始めている。水平走行式のスパッタ装置において，メインドラムの周囲にターゲットを複数セットする場合，パーティクル発生やそれらによる異常放電を避けるため，配置位置に制限があるが，垂直走行スパッタ装置ではその制限がないため，ターゲットをメインドラムの任意の位置に配置でき，パーティクルに対し

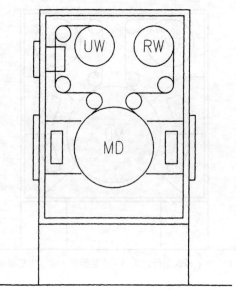

図3　小型フィルム走行式スパッタ装置模式図

表1　小型フィルム走行式スパッタ装置概略仕様

適用基材	
材質	各種高分子フィルム
厚み	25～200 μm
働き幅	300 mm（ロール働き幅：350 mm）
巻径	最大 φ250 mm（標準コア：6インチ）
装置仕様	
真空槽	W800×H1150×D850 mm（SUS304製）
メインポンプ	ターボ分子ポンプ，クライオコイル
到達圧力	10^{-5} Pa台（基材未装着）
真空計	フルレンジ真空計，キャパシタンスマノメータ
走行速度	0.1～5.0 m/min（正転・逆転）
走行張力	20～120N
メインドラム	φ400 mm（−10～70℃温調可能）
カソード	シングル・デュアルマグネトロン
成膜制御	プラズマエミッションモニター
前処理方法	平行平板型プラズマ放電
ガス導入	マスフローコントローラ（アルゴン，酸素他）

ても影響を受けないため，高品質な成膜が可能になる。さらに，垂直走行方式ではフィルムの両面同時成膜に有利な構成が可能である。

図4及び図5に垂直フィルム走行式スパッタ装置の概略図（平面図）を示してある。図4はメインドラムが1基の場合で，図5はメインドラムが2基あり，両面成膜にも対応できる構成になっている。概略図ではメインドラム1基に対してターゲットが3基であるが，ドラムの直径を大きくしてターゲット数を増やすことは可能である。

さらに，耐熱性フィルム基材等に成膜する場合はメインドラムのない構成も可能であり，基材の両面にもターゲットを配置すれば両面多層成膜も可能になる利点もある。垂直走行式で取り扱うフィルムの幅はセッティングの容易さから1m程度までと扱いやすいため機能やコストに応じて走行方式を選択すればよい。

2.4 マルチチャンバーマルチターゲットスパッタ装置[4]

アルデンヌ社は2ドラム方式を採用し，最大10カソードのスパッタリングカソードの設置を可

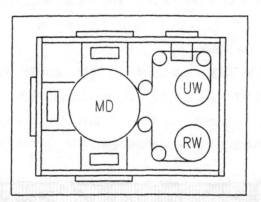

図4　垂直フィルム走行式スパッタ装置模式図　例1（平面図）

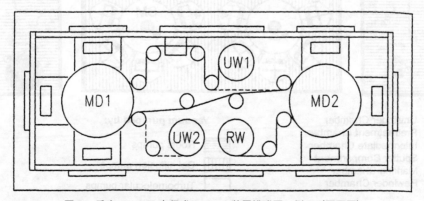

図5　垂直フィルム走行式スパッタ装置模式図　例2（平面図）

能にしている。装置の概略，及び排気系の概略を図6に示す。

　チャンバーはフィルム繰り出し室，フィルム前処理室，中間室，スパッタ室，マーキング室，フィルム巻き取り室の6室に分かれており，それぞれ適正な排気がなされている。また，フィルム前処理室と中間室，中間室とマーキング室の間にはストップバルブが設置されており，スパッタリング終了後のフィルムの脱着時においても，中間室及びスパッタ室は真空を維持できるようになっている。これにより連続のロール加工が可能となり，リードタイムの大幅な減少を可能にしている。スパッタ室は10カソードがそれぞれユニット化され，ターボ分子ポンプで独立した排気がなされる。このコンパートメントユニットと外側の中間室の真空度は1：100の差圧を有し，お互いのスパッタ室への干渉を完全に防いでいる。

　図6のように，フィルムのパスラインが長くなると，フィルムの安定走行を維持するために，張力及び走行精度には高度な制御技術が要求される。張力制御を6セクションでそれぞれ行い，25〜200 μm 厚さのフィルムを1.5〜15 N/cm の範囲で高精度に制御する。また，巻き取り速度も0.1〜20 m/分（仕様によっては100 m/分）の範囲で±0.15％の精度で制御を行う。これにより，様々なベースフィルムへのスパッタリングに対応が可能であり，1台の装置で幅広く製品展開を図ることができる。

2.4.1　反応性スパッタリング技術

　機能性フィルム，特に光学薄膜フィルムの場合は，薄膜の光学特性がフィルムの幅方向，長さ方向に渡って広く均一性を有することが求められ，かつ最大限に高速で走行させることが要求される。これはロールコーターにおける長年のテーマであり，特にスパッタリング装置においては大きな課題である。この対応策として反応性制御技術に着目し，スパッタリング中の金属の発光

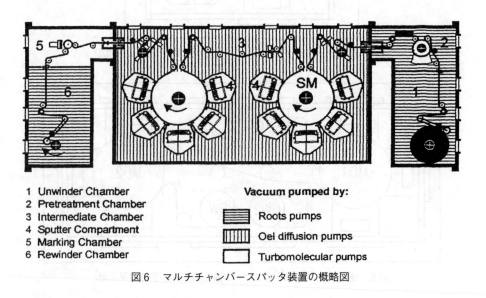

図6　マルチチャンバースパッタ装置の概略図

第4章 真空ロールツーロール成膜技術

強度を検出し，反応性のパラメーターとして反応ガスを制御するPEM (Plasma Emission Monitor) 技術を開発し，ハイレートで均一性の高い反応性スパッタリングを可能としている。

金属ターゲットを使用した反応性スパッタリングの場合，その反応性の状態で膜特性及びスパッタレートが大きく異なる。PEMを使用し反応性を制御することで，各薄膜に対して最大限のスパッタレートで，光学材料として必要な特性を有する薄膜を得ることができる。このPEMは，反応性ガスをプラズマ発光強度により定量的に制御し，かつこの制御は最新の高速応答型のコントロールバルブを使用し，幅方向に例えば3ヶ所設置されたガス導入部それぞれに対応させているため，幅方向に非常に安定したユニフォーミティ（±2％以内）を達成することができる。その一例として導電性反射防止膜構成薄膜のユニフォーミティーを図7に示す。また，プラズマ発光強度をモニターすることでターゲットの消耗によるスパッタレートの減少を正確に検知できるため，長さ方向の膜厚の均一性についても安定した特性を確保することができる。

尚，最新の技術としては，成膜に使用する材料によってスパッタレートに影響するファクターが異なることが判明しており，これに対応できるようにPEMの制御方法も次の4方式が成膜材料に応じて採用されている。

① Intensity Mode (TiO_2, TiN)
② Impedance Balance Mode (SiO_2)
③ Cascade Mode (Nb_2O_5)
④ Metal/Reac gas intensity Mode (ITO, ZAO)

①は金属の発光強度からガス流量を制御する方式，②はスパッタリング電圧を一定にするようにガス流量を制御する方式，③は全体のガス流量を一定にしかつ幅方向も制御する方式，④は金属の発光強度とともに反応性ガスの発光強度を検知しそれぞれの比率でガス流量を制御する方式で微少流量に有効な方式である。

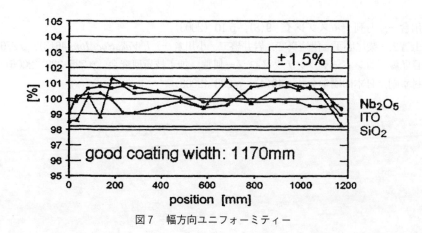

図7　幅方向ユニフォーミティー

表2 光学多層薄膜の成膜例

	反射防止膜			高透明ITO膜	Low-E (EMI対応)
	透明タイプ1	透明タイプ2	導電性タイプ		
第1層	$SiO_x(5)$	$SiO_x(5)$	$SiO_x(5)$	$SiO_x(5)$	ITO(42)
第2層	$Nb_2O_5(13)$	$TiO_2(12)$	$Nb_2O_5(13)$	$Nb_2O_5(70)$	Ag(14)
第3層	$SiO_2(32)$	$SiO_2(34)$	$SiO_2(25)$	$SiO_2(19)$	ITO(91)
第4層	$Nb_2O_5(114)$	$TiO_2(110)$	ITO(74)	ITO(20)	Ag(16)
第5層	$SiO_2(88)$	$SiO_2(89)$	$SiO_2(89)$		ITO(44)
SDM使用数	8カソード	5カソード	9カソード	10カソード	8カソード
WSM使用数					2カソード
DCM使用数		3カソード			
成膜速度(m/分)	1.20	1.20	1.80	3.20	2.25

( )内は膜厚(nm)

2.4.2 光学多層膜成膜例

このように多機能な技術的内容を備えたロールコーターにて光学多層膜を成膜した場合のカソード構成,加工速度の一例を表2に記載しているが,機能性フィルムの要求は今後さらに高まることが予想される。ディスプレイ分野でのLCD,有機ELをはじめ,太陽電池のフレキシブル化等ではさらに高機能化,高生産性が要望されるものと考えられる。

文献

1) 小川倉一,月刊ディスプレイ,**9**(8),p 10 (2003)
2) 三上智広,柴尾心平,伊達真空,岩井啓二,小川倉一,*J. Vac. Soc. Jpn*, **46**(3),p 276 (2003)
3) 杉目弘毅,コンバーテックテクノロジー便覧,加工技術研究会,p 225-228 (2006)
4) 今村幸嗣,日本印刷学会誌,**40**(4),p 238 (2003)

3 成膜技術とバリアフィルムの応用

幾原志郎*

3.1 はじめに

大気中の酸素，窒素，二酸化炭素などに対するバリア性をガスバリア性と言い，水分（水蒸気）に対するバリア性を水蒸気バリア性と言い，酸素透過率や水蒸気透過率で表す。

バリア材の古くは，瓶詰めや缶詰などを起源とするものであった。しかし，内容物が見えず，しかも硬くて重いことから，プラスチック包材へと進化してきた。従ってガスバリア性を付与する技術も，もともと食品包装分野で培われてきたが，近年では，医療・医薬分野や，液晶をはじめとするエレクトロニクス分野，さらには，太陽電池や燃料電池のエネルギー分野など，他分野での開発が盛んに行われている。要求特性も，携帯端末などで採用され始めた有機EL用では，10^{-6} g/m^2・day 程度とハイレベルになっている。

ここでは，蒸着フィルムの優れたバリア特性について，食品・医療分野の酸化・腐敗防止包装をはじめ，最近新たに注目を集めている，太陽電池やディスプレイ関連部材分野で要求される特性を示し，それぞれに対応した蒸着技術並びに商品を紹介する。また，今後バリア膜に要求される特性と可能性について述べる。

3.2 成膜技術

3.2.1 成膜技術の現状

バリア膜の形成方法としては，塗料コートなどのウェット成膜法と図1に示すようなドライ成膜法とに大別できる。ドライ成膜法は，PVD（Physical Vapor Deposition）とCVD（Chemical Vapor Deposition）に分類され，今でもそれぞれ多くの新しい薄膜方法が開発されてきている。

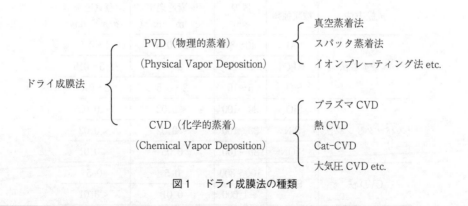

図1　ドライ成膜法の種類

---

*　Shiro Ikuhara　㈱麗光　技術部　技術2課　課長

それらの中で最も一般的な成膜法の真空蒸着は，他のPVDと比較し大面積に高速で薄膜を形成することができ，生産性が高く，製造装置も単純で低価格な商品設計が可能であることから，エレクトロニクス関連には古くから使用されていた。最近では，単純な金属の蒸着に止まらず，反応蒸着などによる酸化物の蒸着や膜特性をコントロールする研究が進んでいる。加えて樹脂コートやラミネートなどとの組み合わせで，真空蒸着膜の密着力や耐久性の改善がなされ，優れたバリア特性を有した蒸着膜を提供している。

また，PVDでもスパッタ蒸着に関して従来のDC，RFスパッタに加え，効率の良いデュアルマグネトロンスパッタや，磁性体などの特殊な金属の蒸着に有効な対向スパッタなどが開発されている。これらは，新たな要求に対してその特性を有する薄膜を得る方法として開発されたものである。

他方CVDに関して新しい成膜方法が開発されており，材料ガスの励起手段としてプラズマ，熱或いはCat（Ptなど）などが利用されている。材料ガスにおいても，SiH_4の無機物からHMDSO（hexamethyl disiloxane）などの有機金属ガスが用いられるなど，新機能性膜の開発が進んでいる。

3.2.2 各種成膜方法とその膜特性

各ドライ成膜方法で成膜されたバリア膜の特性例を表1に示す。各成膜方法での膜厚は，一般的に成膜される膜厚である。相対的に膜厚を厚くすればバリア特性は向上する傾向があるが，各成膜方法での得られる膜の特性から，この範囲以上に厚くすると割れの発生や，透明性を損なうなどの不具合が生じる場合が多い。同じ膜種でも各成膜方法で適正範囲が異なっていることは，酸素比率が異なることや，パーティクルの量，水素原子による原子間ネットワークの分断などが

表1 成膜方法とそのバリア特性

成膜方法	被膜種類	膜厚 (nm)	酸素透過率 ($cc/m^2 \cdot day$)	水蒸気透過率 ($g/m^2 \cdot day$)
真空蒸着法	Al	40〜80	2〜0.5	1〜0.5
	Al_2O_3	5〜10	2〜1	1.5〜0.5
	SiO_x	5〜10	2〜0.5	2〜0.5
スパッタリング法	SiO_x	30〜100	<0.02	<0.02
	SiN	30〜100	<0.02	<0.02
	SiON	30〜100	0.05	<0.01
CVD法	SiO_x	100〜300	0.5	0.5
		〜1,000	0.01	<0.01

測定条件　水蒸気透過率：JIS-K-7129　40℃×90%
　　　　　酸素透過率：JIS-K-7126　23℃×75%

第 4 章　真空ロールツーロール成膜技術

異なるためと考えられる。

次項では用途別に求められる特性を，これらの用途に開発された製品を示しながら紹介する。

3.3　用途別特性
3.3.1　包装用フィルム

包装用アルミニウムフィルムは1973年のオイルショック後，省資源，省エネルギーが求められる中で，アルミニウム箔の代替として，優れた酸素・水蒸気バリア性，耐ピンホール性，遮光性，光輝性が注目され急激に大きな市場を持つようになった。代表的なアルミニウムフィルムはPET，CPP，OPP，ONY，PEなどを基材としたもので，それぞれ必要性能に応じてラミネートにより複合化されて使用される。例として当社の包装用アルミニウムフィルムのバリア性と用途，構成例を表 2 に示す。

包装用途に必要なバリア性は一般的に 1 g，1 cc/m^2・day 程度である。そのためアルミニウム蒸着膜厚は一般的には 400～600 Å 程度であるが，蒸着厚みを厚くすることやラミネートによる複合構成とすることで 0.1 g，cc/m^2・day 以下のものも作成可能である。

この包装用途でも透明で内容物が見え，ハロゲン化物を使用しない酸化アルミや酸化ケイ素などの透明バリア膜が需要を拡大している。表 3 に透明バリア膜の特性比較を示す。

これらは，通常蒸着中に酸素との反応により成膜される。酸化ケイ素蒸着膜ではバリア性は良好であるが黄色に着色しているという弱点がある。また酸化アルミ蒸着では無色透明であるが酸化ケイ素と比較してバリア性が低く，膜自身が脆い傾向にある。それぞれ使用用途により必要に応じてアンカーコートやトップコートが施される。当社「ファインバリヤー AH-R」では酸化アルミ蒸着膜にトップコートを施すことでバリア性の向上，ボイル，レトルト適正，ゲルボ適正，各層の密着強度や印刷適性を向上させている。表 4 に当社「ファインバリヤー AH-R」とCPP60μをドライラミした構成品の各種性能を示す。

3.3.2　太陽電池用バックシート

透明バリア膜は，包装材料として用いられるだけでなく，世界的に需要が伸びている太陽電池のバックシート部材としても使用され始めている。

表 5 に太陽電池用バックシートの求められる特性を示すが，過酷な使用環境に耐えるため多くの要求特性が求められている。そのために従来はフッ素フィルムとアルミ箔が用いられていた。

しかし，フッ素フィルムの供給の逼迫，性能の良いバリアフィルムや耐久性の良い基材が供給され始め，特に太陽電池の低価格化の要求に対応するため，PETベースでの複合フィルムが検討され使用されている。また，欧州での部分放電電圧の規定からも，結晶シリコン系の市場ではこの動きは加速されている。

表2　包装用アルミニウムフィルムのバリア性・用途・構成例

品名	厚み μm	WVTR g/m²·day	OTR cc/m²·day	特徴	使用例	構成例
ダイアラスター H-FC	12	0.8	0.8		除湿材，フタ材 スナック食品	*内袋用 押出 PE/ ダイアラスター CPP/押出 PE/ ダイアラスター
ダイアラスター HE	12	0.8	0.8	強密着 ボイル適正	スナック食品 コーヒー袋 ボイル食品	*スナック外装 OPP/DL/ ダイアラスター OPP/押出 PE/ ダイアラスター/ 押出 PE/CPP
ダイアラスター H-27	12	1.6	0.2	セミレト対応 耐水密着良好 ハイバリヤー（酸素）	ボイル食品 セミレトルト食品	*保冷，断熱 発泡ポリ/押出 PE/ ダイアラスター
ダイアラスター UH	12	1.5	1.5	マット つや消し	機械梱包 お茶	*液体包装 印刷 NY/DL/ ダイアラスター/ 押出 or DL/EVA，LL
サンミラー CP-FGD	25	1	15	超低温ヒートシール アルミ密着良好	キャンディーピロー チョコレート菓子	*スナック，菓子全般 印刷 OPP/押出 or DL/ サンミラー CP
サンミラー CP-FGK	25	0.5	8	低温ヒートシール 押出ラミ適正可	スナック食品	*個装（キャンディなど）用 印刷 PET or 印刷 OPP/ DL/サンミラー CP

＊ダイアラスター：Al 蒸着 PET フィルム，サンミラー CP：Al 蒸着 CPP フィルム

表3　透明バリア膜の特性比較

	PET フィルム	酸化アルミ	酸化ケイ素
全光線透過率（%）	88.9	88.9	86.5
ヘイズ（%）	2.5	2.5	3.3
黄色度	1.5	1.5	5.7
酸素透過率（cc/m²·24 hr）	125	2.0	0.5
水蒸気透過率（g/m²·24 hr）	53	1.5	0.5
蒸着面濡れ指数（dyne/cm）	42	54以上	54以上
ラミネート強度（g/15 mm）		500以上（フィルム切れ）	300以上（フィルム切れ）
表面抵抗値（Ω/□）		10^{10} 以上	10^{10} 以上

第4章 真空ロールツーロール成膜技術

表4 ファインバリヤー AH-R/DL/CPP60μ構成品の各種性能

項目	処理条件	水蒸気透過度 g/m²・day	酸素透過度 cc/m²・day	ラミネート強度（T型剥離） g/15 mm
未処理	—	0.3	0.4	390
ボイル処理直後	98℃×30 min	0.6	0.6	200
レトルト処理直後	120℃×30 min	0.7	0.5	220

表5 バックシートに求められる特性

耐候性	耐加水分解性：85℃×85％×3,000 h フィルム耐熱性：120℃×3,000 h 耐UV特性：サンシャインウェザオメーター 10,000 h
電気絶縁性	部分放電圧　絶縁破壊電圧　全面耐電圧　絶縁抵抗 表面抵抗　体積抵抗率　比誘電率（ε）
機械的特性	引張り強さ　伸び　端裂抵抗　弾性率
耐薬品性	酸，アルカリ，各種溶剤
実装作業性	パネル組み立て時の作業性
バリア性	酸素透過率 1 cc/m²・day 以下，水蒸気透過率 1 g/m²・day 以下 タイプによって水蒸気透過率 0.1 g/m²・day 以下
その他	EVAとの適合性　MD, TD 熱収縮率　寸法安定性

例として当社の太陽電池用フィルム「ファインバリヤー KW-303」の構成を図2に，特性を表6に示す。

要求特性から多層構成となっており，耐加水分解性の良い PET を使用している。バリア膜は水蒸気バリア性が高く，耐久性の良いシリカ蒸着膜を使用することで，バックシートフィルム自体の劣化や内部劣化を抑えることに役立っている。

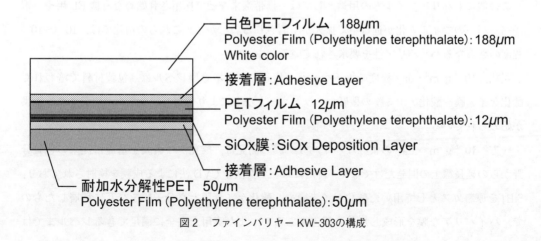

図2 ファインバリヤー KW-303の構成

表6 ファインバリヤー KW-303の特性

特性		測定方法	単位	初期値
厚み		—	μm	250
水蒸気透過率		JIS K 7129 40℃ 90% RH	$g/m^2 \cdot day$	0.19
酸素透過率		JIS K 7126 23℃ 75% RH	$cc/m^2 \cdot day$	0.3
破断強度	MD	JIS C 2318	MPa	135
	TD			162
破断伸度	MD	JIS C 2318	%	129
	TD			61
層間密着強度		—	N/5 cm	29
熱収縮率	MD	JIS C 2318	%	1
	TD			0.4
EVA-密着強度		—	N/cm	>40
絶縁破壊電圧		JIS C 2110	KV	22.2
部分放電電圧		IEC 60664-1	V	—
白色度	PET面	JIS Z 8715	—	93
	白PET面			94
色目		—	—	白色

また，薄膜系太陽電池や化合物系（CIGS）太陽電池では0.1～0.01 $g/m^2 \cdot day$ 以下のバリア特性が必要と言われている。そのため信頼性の観点からアルミ箔が多く使用されているが，絶縁性である透明バリア膜を複合化しバリア性を高めたバックシートが開発され，提供し始められている。

3.3.3 その他の用途

この他にもバリアフィルムの用途としては，携帯端末などで採用され始めた有機EL用や，電子ペーパーのフィルム化が進む中で拡大が予測される。しかし，これらの用途では，10^{-3}～10^{-6}程度のさらなるハイバリア性を要求されている。

現状，10^{-3} $g/m^2 \cdot day$ 程度の電子ペーパー用途，色素増感型レベルは，包装材料で培われた酸化ケイ素膜や酸化アルミ膜の積層や，ラミネートなどにより使用可能なものが開発され，提供が始められている。

一方，10^{-6} $g/m^2 \cdot day$ のようなハイバリア膜の開発は，酸化ケイ素膜を基礎に従来の包装分野からの延長線上の開発だけでなく，新たにスパッタ法やCVD法による成膜を検討されており，SiH_4 を原料ガスとして用いた酸化ケイ素膜や，酸化ケイ素膜と高分子膜を交互に積層したもので，ハイバリアな膜を形成したとの報告もあるが，まだ実用上完全に満足できるレベルまでは

至っていないようである。

3.4 おわりに

　真空蒸着法でのAl蒸着膜がバリア用途に採用されて以来，市場のニーズに対応して反応蒸着などによる透明バリア膜の開発やスパッタ法，CVD法を用いた新たな成膜技術によるよりハイバリアな膜開発が行われてきた。

　しかし，今後益々要求品質が高度になるにつれ各用途向けの商品開発には，それぞれの用途分野での要求バリア値も重要ではあるが，それ以外の要求品質が重要性を増している。そのため，それらを十分把握した上で，バリア膜だけでなく使用するバリア膜基材の検討，コーティングやラミネートなどあらゆる手段を総合した商品開発力が必要である。

　これは，困難さは増すが，ある意味で膜特性が無限の可能性を秘めていることを示しており，本文では未だ完成していないフレキシブルなフィルム有機ELを用いた表示体が，このハイバリア特性をクリアした膜が開発され，市場にお目見えする日もそう遠くないであろう。

4 エレクトロニクスとガスバリアフィルム

永井伸吾[*]

4.1 はじめに

　近年，プラスチックエレクトロニクスと呼ばれる有機物で構成された電子デバイスや，プリンタブルエレクトロニクスと呼ばれる印刷で構成可能な電子デバイスへの関心が高まっている。これらは製造プロセスの低温化，原材料の利用効率向上など，生産の合理化を実現するものとして期待されている。プロセスの低温化はガラスやシリコンウェハーだけでなく，プラスチックフィルム上にエレクトロニクスデバイスを構成する事を可能にするものとして期待されており，特にロール・ツー・ロールの印刷機を使って連続的にエレクトロニクスデバイスを印刷する事が可能になれば，生産性は格段に向上すると考えられている[1]。しかし，このような製造方法で用いられる半導体材料がアモルファスな薄膜や有機物である為，電気抵抗が高く，また実装密度も高いという諸条件から，化学的な劣化によりデバイスへの悪影響が顕著にあらわれる問題もある。すなわち，プラスチックエレクトロニクスの目指すところは，このような次世代型のエレクトロニクスデバイスが大気にさらされる事がないようにガラスや金属の容器などで密封する代わりに高度に外気の侵入を遮断できるプラスチックフィルムを使って密封する事で，フレキシブルなエレクトロニクスデバイスを実現するところにあると考えられる。そして，現在注目されているこれらのデバイスの多くは表示体と太陽電池に大別される。表示体としては電子ペーパー，有機ELなどのディスプレイや，特に有機ELでは照明としての応用も注目されている。太陽電池では有機色素太陽電池や有機薄膜太陽電池などの有機系デバイスでの応用が主に考えられている。ここでは，これらエレクトロニクスデバイスとガスバリアの関係について紹介する。

4.2 有機ELデバイスとガスバリアフィルム

　表示デバイスの代表的な例として，発光材料としてのOLED（Organic Light-Emitting Diode）や有機TFT（Thin Film Transistor）を応用した有機ELテレビが挙げられる。有機ELは，1953年にA. Bernanoseが，塩素酸マグネシウムやセロファンに吸着させた有機染料を交流電場の作用下で発光する事を観測したのが最初と言われており，パイオニア社が1997年に，FMレシーバーディスプレイ用として発売したのが最初の応用製品とされている[2]。また，2007年にはソニーが有機ELテレビを発表するなど，生産技術の進歩が著しく，関心の強さが窺える。

　ガスバリアフィルムは古くから食品包装資材として食品の酸化や吸湿，乾燥を防止するものとして利用されてきたが，エレクトロニクスデバイスでは食品の場合よりも要求が高い事で知られ

---

[*] Shingo Nagai　尾池工業㈱　フロンティアセンター　主任研究員

第4章 真空ロールツーロール成膜技術

ている。特に有機ELにおけるガスバリアフィルムの役割は活性な金属電極の劣化を防止する為と言われており、具体的には保護する材料の量や有効に機能させる期間などから想定した水蒸気透過率（Water vapor transmission rate/WVTR）で10^{-6} g/m^2/day 程度のガスバリア性が必要と言われる[3]。このガスバリア性は、例えば食品包装を1とすれば有機ELでは最大で1,000,000倍程度のガスバリア性能が要求される事を意味する。仮に包装資材を1,000,000枚重ねたとすればその厚みは12 m以上にもなる（図1）。従って、エレクトロニクスデバイス用のガスバリアフィルムとしては従来の包装資材とくらべて遥かに高いバリア性を得る為の工夫がなされている。

有機ELに使うフィルムに求められるものは主としてガスバリア性であるが、その他にも重要な要素が幾つかある。発光デバイス用基板としての透明性の高さはデバイスの性能や寿命に対しても非常に重要な要素となる。例えば、一般的にフォトダイオードの定格電圧に対して少しでも低い電圧で発光させた方が、寿命や発熱の点で有利である。その為にはフィルムでの光の損失はない方が良い。また、プラスチック有機ELは「曲げられる」という特徴を有する。従って、無機物で構成されたガスバリアコーティングや透明導電膜の場合でも曲げによってクラックが生じてしまって本来の物性が損なわれるような事がないものが必要である。

熱的特性としてはディスプレイの画素を形成する際のアライメントとプロセス温度との関係上、Tgが150℃以上、熱膨張係数が60 ppm/K以下である事が必要と報告されている[4]。特に耐熱性の要求を達成するのが難しい事から、ガラス上に形成したデバイスをフィルムに転写する技術も検討されていた[5]。

4.3 太陽電池とガスバリアフィルム

地球温暖化や原油価格の変動など、我々の生活や産業にとって、安定して供給されるクリーン

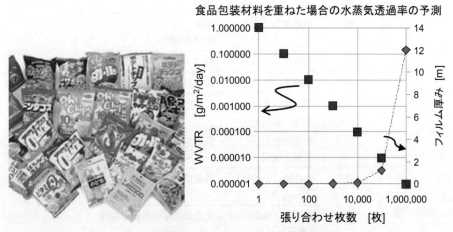

図1　食品包装バリアフィルムと水蒸気透過率

エネルギーの重要性が注目されている事は周知のとおりである。中でもクリーンエネルギーとしての太陽光発電に対する期待は大きい。太陽電池はすでに実用化されているものから，研究段階のものまでその種類は多い（表1）。屋外用発電機として実績のある第一世代太陽電池は発電効率が高い事などから最も普及している。しかし，より広く普及させるには製造コストを低減する事が課題であると言われている。低コスト化の課題の一つに高純度Siインゴットの精製やウエハー厚みの限界による原材料費の問題が指摘されており，現在は薄膜系の第二世代の研究が盛んに行われている。太陽電池に課される課題としては，変換効率向上，製造コスト低減，長期信頼性の向上と言われている[6]。第一世代太陽電池の一般的な構造の場合，発電素子はEVAで密封されて，デバイスが外気と直接触れないようになっている。デバイスを保護する意味では一般的に発電素子はガラスケースに収められているが，素子の裏面はフッ素フィルムが用いられている場合が多い。このような太陽電池の背面シートを一般にバックシートと呼んでおり，これがガスバリアの機能を有する。バックシートの厚みはおよそ0.2 mm程度が一般的でPETが用いられる事もある。バックシートの目的はEVAの耐電圧特性と関係があるものと考えられる。平川らの報告によれば，最大許容電圧値の低下が水などによる劣化の可能性があると報告している。また，劣化防止の為にアルミホイルをバックシートの外側にラミネートしている例もある[7]。第二世代以降の太陽電池は薄膜ということもあり，ある程度以上のガスバリア性が必要と言われているものの，具体的なガスバリア性能などのスペックに関しては開発段階という事もあり一般化されていない。

表1　太陽電池の種類と特徴

世代		特徴
第一	単結晶シリコン	実績 高発電効率
	多結晶シリコン	低コスト
第二	薄膜系シリコン	省資源
	化合物（多結晶） （CdS，CdTe）	脱シリコン
	色素増感型 有機薄膜型	低コスト化
第三	化合物（多接合） （GaAs系）	特殊用途
	量子ナノ構造 （量子ドット）	光の波長毎の高効率利用

第4章　真空ロールツーロール成膜技術

4.4　ガスバリアフィルム基板

　エレクトロニクスデバイスとガスバリアフィルムの関係の一つとして，ガスバリアフィルム基板という考え方がある。これはガラスの代替えとしてのプラスチックフィルムシートの事であり，一般的にはこの上にデバイスを積層するプロセスが想定される。基板として用いるという目的上，フィルムはある程度の剛性が得られる厚みのものであってカールや変形が無いものが必要である。ここでは基板としてのガスバリアフィルムにおける要求として，デバイス構成上のプロセス適性とデバイス構成の為の設計要求について解説する。

4.4.1　プロセス適性上の要求

　ガスバリアフィルムを基板として用いる場合，一般的に透明電極の積層とフォトリソグラフィーのプロセスを経て，デバイスを製作する事になる。その際に問題となるのがプラスチック基板の耐熱性や機械特性，耐化学性などの弱さである。フォトリソグラフィーの工程はレジスト塗布後にプリベーク，露光，リンス，ポストベークなどの工程を経るが，その際の熱や場合によってはアルカリ洗浄や超純水による洗浄が入る為，プラスチックにとっては非常に過酷な環境にさらされる事になる。各社から発表されている主要なプラスチックフィルムの物性を表2に示す。エレクトロニクスデバイスに必要なプラスチックの特性としてはTgが高く，線膨張係数が低い事が求められる。これらはデバイスやパターニングの寸法精度とも関係があり重要である。さらに，デバイスの製造プロセスにおける要求以外にデバイス設計上の要求もある事から，吸水率も低く，光線透過率が高い事が求められる。近年，各フィルムメーカーの努力によって非常に特性の優れた光学フィルムも登場しているが，今のところこれらの要求を完全に満足できるプラスチックフィルムはないと言っても良い。次に，これらの設計上の要求について解説する。

4.4.2　設計上の要求

　ガスバリアフィルム基板として設計上の要求は主に「ガスバリア性」と「透明性」，「表面の平坦性」などである。これらの要求は各種デバイスに概ね共通したものと考えられる。例えば，有機ELと有機薄膜太陽電池の構造概要をみれば構造に殆ど違いが無い事が判る（図2）。

　特に要求に違いがあるとすれば，それは「ガスバリア性」に関するものであり，理由は陰極に使われる金属薄膜の耐食性の違いと言われている。図2で示した陰極材料は一例であり，具体的にはデバイスの効率や寿命などを考慮して各社各様に陰極の金属材料を開発している為，必要とされるバリア性は一様ではない。一般的には有機ELで使われる陰極薄膜は大気中で腐食しやすい材料が選択される為，デバイスのライフタイムを考えると高いバリア性が必要とされる。一方，有機薄膜太陽電池ではアルミニウムが選択される事から有機EL程のガスバリア性は必要ないと考えられている。

　「透明性」については有機ELでは明るさ，太陽電池については発電効率に直接影響するので

表2 主な汎用プラスチックの物性（メーカーカタログなどから引用）

素材		PET	PEN	PC	COP	PES
厚み	μm	100	100	120	100	200
Tg	℃	110（注1）	155（注1）	160	163	223
熱膨張係数	10^{-6}/℃	34（注2）	20（注2）	変形（注2）	64（注3）	65（注2）
光線透過率	%	90%	87%	90%	92	88%
水蒸気透過率（注4）	g/m²/day	5.8	1.4	50	0.26	54
吸水率		0.4	0.3	0.3	<0.01	1.9

（注1）DMAによるTDFJ法
（注2）40～150℃ 最大値採用
（注3）ATSM D696
（注4）（40℃ RH90～100%）

図2 有機EL表示体（左）と有機薄膜太陽電池（右）の概要

非常に重要である。

「表面平坦性」についてはデバイスの構造が薄膜で構成されている為，数十ナノメートルの突起さえも，短絡などの悪影響を及ぼすと言われる。一般的な光学フィルムの表面は光の散乱を嫌って平坦になっているが，SPMなどで観察すると数十ナノメートルの突起や擦れた傷のようなものを見つける事がある（図3）。エレクトロニクス基板として使用する場合はこのような欠点に特に気を使わなければならない。

4.5 ラッピング材としてのガスバリアフィルム

ガスバリアフィルムは包装材料として利用されはじめたころから，薄くて柔軟でありながらガスバリア性に優れるという点が好まれてきた。これと同様にデバイスを柔軟なハイバリアフィルムでラッピングして密封する考え方もある。例えば，ガスバリア性を付与していない透明電極フィルム上にデバイス製作して，最後にこのシートを両側からガスバリアフィルムで包み込む（図4）。この場合，ガスバリアフィルムを基板として用いる場合のような，過酷な工程を考慮し

第4章 真空ロールツーロール成膜技術

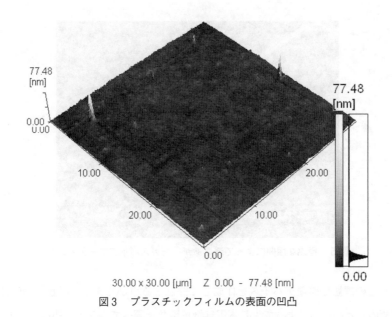

図3 プラスチックフィルムの表面の凹凸

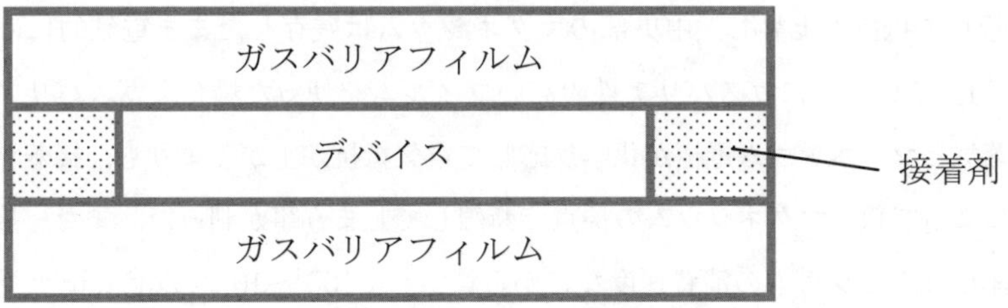

図4 デバイスのラッピング構造

た設計にする必要がないメリットがある。その代わりにフィルムを薄くして光学特性の損失を可能な限り少なくする事や低価格である事が求められる。この方法の難しさは要求されるバリア性との関係もあり一様ではないが，特にハイバリアコーティングの場合はコーティング厚が増す傾向にある。従って，フィルムを薄くするとコーティングの応力でフィルムがカールしやすくなり，フィルムのハンドリングが困難になる問題やフィルムの剛性が低くなる為，ハンドリング中に自然とフィルムの曲率が大きくなりすぎてバリアコーティングが破損しやすい問題がある（図5）。

4.6 封止における問題

シート状のデバイスは最終的にはガスバリアフィルムで密封され図4のような構造となる。しかし，この構造では端部の接着剤部分にはガスバリアコーティングがない為，ここから侵入してくる水分などが問題になる可能性がある。特に要求されるバリア性が高いデバイス程，深刻な問

最新ガスバリア薄膜技術

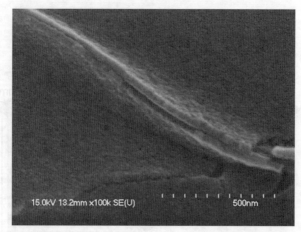

図5　極端な屈曲によって浮きあがったガスバリアコーティング

題になる。封止の課題は模擬デバイスを作成して評価する事ができる（図6）。実際にマグネシウム薄膜電極の水との反応によって生じる電気抵抗変化を調べてみると，銀ペーストとマグネシウム電極の接点で抵抗が上昇し，中央部のマグネシウムは残存したまま電気的には断線してしまった（図7）。このようにガスバリア性の高いフィルムを使った場合，ガスバリアフィルムを透過した水蒸気とマグネシウム電極が化学反応して電気抵抗が上がるよりも，接着界面から侵入した水蒸気によって銀とマグネシウムの接点で断線してしまう事が判った。また，接着剤断面の水蒸気透過率はマグネシウムの消費速度などから算定して$10^{-4} \sim 10^{-3}$ g/m^2/day と見積る事ができた。実際にデバイスを構成する際は端部の接着部分はなるべく薄くしたいという事もあり，接着部からのリークは大きな問題となる。従って，封止の際にはガスバリアフィルムをラミネート

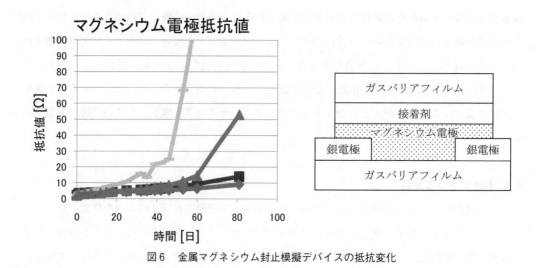

図6　金属マグネシウム封止模擬デバイスの抵抗変化

第4章　真空ロールツーロール成膜技術

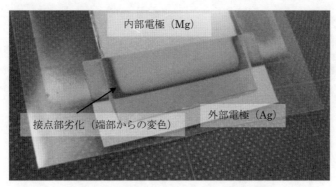

図7　エッジからのマグネシウム電極の腐食

するだけではなく，接着部から侵入した水分が金属電極に到達しないように工夫する必要がある。

4.7　おわりに

当社では古くからロール・ツー・ロールで真空蒸着製品を製造販売してきた実績があり，この長い蓄積を活かし次世代機能性フィルムの製造に活かしてきた。特にプリンタブルエレクトロニクスに使われるハイバリアフィルムはロール・ツー・ロール技術の集大成ともいうべき，高度な技術を駆使して非常に高品質で高性能な製品を製造する技術によって達成される。最近では，電子ペーパー，有機薄膜太陽電池，色素増感太陽電池や有機EL照明などに対応する様々なスペックのガスバリアフィルムを供給する事で，プリンタブルエレクトロニクスの技術開発に貢献している。ガスバリアフィルム以外では脱レアアースに対応した酸化亜鉛や有機系の透明導電フィルムや微粒子などの様々な分野で新しい産業の発展に貢献していきたいと考えている。

文　　献

1) 大久保　透, 月刊ディスプレイ, **15**(9), 54 (2009)
2) 増田淳三, 電子材料, **45**(12), 24 (2006)
3) P. E Burrows *et al.*, *Proc. SPIE.*, **4105**, 75 (2001)
4) 武田利彦, 月刊ディスプレイ, **12**(2), 66 (2006)
5) 井上　聡, 下田達也, 月刊ディスプレイ, **12**(2), 58 (2006)
6) 富田孝司, 吉見直樹, 月刊ディスプレイ, **14**(10), 15 (2008)
7) 平川功一, 杉本榮一, コンバーテック, **5**, 112 (2009)

第2編

ガスバリアフィルム評価技術と高機能ベースフィルム

第1章 ガスバリア性評価技術

1 等圧法 mocon AQUATRAN におけるガスバリア性評価技術と測定例

大谷新太郎[*]

1.1 はじめに

　近年のガスバリア材や包装技術の開発には目覚ましいものがある。例えば水蒸気バリアについては装置の測定下限値を超えたウルトラハイバリアフィルムが試作されるようになってきている。高分子材料だけでは$0.1 g/m^2/day$近辺がバリア材としての限界であり，無機物を塗布したり，ブレンドあるいは無機物を貼り合わせて，ガスバリア性改善に向け研究開発されている。

　このようなハイバリアフィルム・膜に対して，従来試験方法では測定感度や測定スピードが対応できないので，ガスバリア性評価が非常に難しくなっている。更に試料に限っても，その採集部位や時期，テストガス透過方向，測定セルに貼りつけるためのグリースの種類や量，試料端面からの透過やガラスと封止樹脂界面からの透過，測定中の試料の変質や破壊，システムリーク率の差し引き等留意すべきことが多く，これらに無頓着でいると評価精度と開発スピードに大きな影響を与えることになる。

　これらハイバリアフィルム・膜の開発や品質管理に強力なバックアップとしてかかせないのが，ガスバリア性評価試験装置であり，評価技術である。

　本稿では，等圧法における主に水蒸気バリア性評価技術の最新動向と米国 MOCON 社 AQUATRAN 型超高感度水蒸気透過度測定装置についての測定原理や知っておきたい測定ポイントを測定事例にもとづいて述べる。

1.2 装置の概要と測定原理

　ここでは米国 MOCON 社の高感度水蒸気透過度測定装置 PERMATRAN 型と最新超高感度水蒸気透過度測定装置 AQUATRAN 型について紹介する。モコン法は特定気体の分圧差で測定する方法で等圧法または同圧法と呼ばれている。

1.2.1 PERMATRAN（等圧法）

　赤外線法（IR 法）として JIS-K7129B, ASTM-F1249-80, ISO-115106-2等の等圧法に準拠し，

---

[*] Shintaro Ohtani　㈱日立ハイテクノロジーズ　科学システム営業統括本部
　　　　　　　　　　テクニカルサポートコンサルタント；㈲ホーセンテクノ　取締役

最新ガスバリア薄膜技術

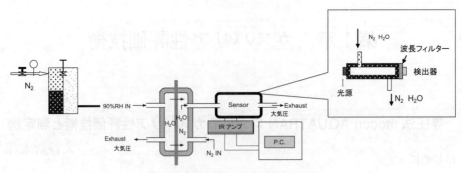

図1　水蒸気透過度測定装置の概念図

検出下限値0.005 g/m²/day〜上限値2000 g/m²/day（測定面積の縮小5 cm²や高流量の使用を含む）と広範囲な測定ができ，従来法であるカップ法（重量法）とのデータ互換性もよい。図1に水蒸気透過度測定装置の概念図を示す。

測定方法は膜厚10〜2000 μmの片面は水蒸気（90%RH）約20 cc/minが流れ，反対面にも約20 cc/minの0％RH乾燥窒素がキャリアガスとして流れている。膜を透過してきた水蒸気分子はキャリアガスによって赤外線検出器部へ運ばれ，選択的波長フィルターによって水蒸気のみ赤外線検出器で検出され，電圧に変換されるようになっている。

JIS-K7129Bでの測定温度は40℃，測定湿度は90%RHとなっており，多数のユーザーはこの使用条件で測定されている。最近ではディスプレイ関連で85℃，85%RHの要求条件が寄せられており，技術的には可能であるがこの装置を使用しての実験は未だなされていない。

測定温度：5〜50℃

測定湿度：35〜90%RH，100%RH

1.2.2　AQUATRAN（等圧法）

電解電極法を用いた最新型クーロメトリック方式"AQUATRACE"を搭載した超高感度水蒸気透過度測定装置としてMOCON社の技術の粋を結集して開発され，超ハイバリア領域が測定

図2　AQUATRAN超高感度水蒸気測定装置

第1章　ガスバリア性評価技術

できる装置として2007年秋上市された。2010年12月時点全世界で約65台が使用されており（内10台は日本），順調に稼働中である。図2にAQUATRAN超高感度水蒸気測定装置の外観を示す。

有機EL関連ではガラス代替用保護フィルム関連メーカー，封止材樹脂メーカーにおいて，特に本装置への関心が高い。

測定方法は片面に水蒸気（90%RH）が約20 cc/min流れ，反対面にも約20 cc/minの0%RH乾燥窒素がキャリアガスとして，極微量有機物除去用チャコールフィルター・乾燥剤を通過して流れている。ここでも膜を透過してきた水蒸気分子はキャリアガスによってAQUATRACE検出器へ運ばれ，検出器内の電極間で，固体電解質の五酸化リンに吸収され，水が電気分解されることによって，陽極での酸化反応と陰極での還元反応から，水1モルで2モルの電子が移動する。ここでファラデーの法則から電流値が透過した水分子の絶対量として換算される。検出器セル内では水分子はなくなり，副産物として，水素と酸素が生じるのみである。

本装置はJIS，ASTMにはまだ規定されていないがISO 15106-3に準拠している。現在アリゾナ州立大学にある産学共同研究開発施設FDC（Flexible Display Center）のバリア部材（full-color flexible display technology）の研究開発に使用されている。

検出下限値：5×10^{-4} g/m^2/day　　分解能：1×10^{-4} g/m^2/day

測定温度：10～40℃（オプション40～85℃）

測定湿度：35～90%RH，100%RH

1.3　各種製品におけるガスバリア性要求レベル

製品用途によってガスバリア性の要求レベルは大きく差があり，数値が小さくなるほどガス遮断性がよくなり，食品賞味期限の長期化やディスプレイ製品の寿命を延ばすことができる。最近の水蒸気バリアフィルムに関して，2010年12月時点で5×10^{-4} g/m^2/dayや測定装置の検出下限値を超えたハイバリアフィルムが10数社で試作されてきた。

参考までにハイグレードガスバリア分野で必要とされる水蒸気バリアレベルは，液晶保護膜では1×10^{-2} g/m^2/day近辺，有機EL関連（基板及び封止材を含む）では5×10^{-6} g/m^2/day程度と考えられているが，実証の困難な未知の領域であるため数値のみが先行しているのが現状である。

表1に各分野で要求されるガスバリア値を示す。表2は電気・電子分野でよく使用されるベースフィルムとしてのガスバリア値を示す[4,5]。

1.4　超ハイバリア水蒸気透過度測定方法について

先に述べた通り，無機系太陽電池薄膜型バックシートで1×10^{-2} g/m^2/day，有機EL関連部

表1 分野別に要求されるガスバリア値[1]

O_2TR：酸素透過度　WVTR：水蒸気透過度

分野		O_2TR cc/m^2/day	WVTR g/m^2/day
食品包装		10^0（10^0＝1）	10^0
無機系太陽電池バックシート	結晶型	10^{-1}	10^{-1}
	薄膜型	10^{-2}	10^{-2}
液晶保護膜		10^{-2}	10^{-2}
有機系太陽電池基材		10^{-4}～10^{-6}	10^{-5}～10^{-6}
有機EL		10^{-6}	10^{-6}

表2 電気・電子材料分野でよく使用されるフィルムとバリア値[2]

モコン O_2TR：OXTRAN2/21ML　WVTR：PERMATRAN3/33MG

部材の構成	酸素透過度 cc/m^2/24 hr/atm		水蒸気透過度 g/m^2/24 hr/atm	
PET　25μm	62	30℃ 70%RH	22	40℃ 90%RH
ONy　25μm	37	30℃ 70%RH	90	40℃ 90%RH
PC　25μm	3600	25℃ 65%RH	44	25℃ 90%RH
PEN　75μm	35	23℃ 65%RH	0.60	40℃ 90%RH
OPP　25μm	1600	25℃ 50%RH	3.8	40℃ 90%RH
HDPE　25μm	2900	25℃ 50%RH	22	40℃ 90%RH
エポキシ樹脂200μm / PET 100μm	8.4	23℃ 75%RH	3.2	40℃ 90%RH

PET：Polyethylene Terephthalate ポリエチレンテレフタレート
ONy：Nylon(Polyamide) ナイロン（ポリアミド）
PC：Polycarbonate ポリカーボネイト
PEN：Polyethylen Naphtalete ポリエチレンナフフタレート
OPP：Oriented Polypropylene 二軸延伸ポリプロピレン
HDPE：High Density Polyethylene 直鎖状の低密度ポリエチレン

材では$5×10^{-6}$ g/m^2/dayが目標要求値である。ハイバリアフィルム評価技術については現在次の方法が一般的である。

1.4.1　カップ法による評価法（等圧法）

　カップ法は従来からある簡易法で無水塩化カルシウムをアルミ製カップに適量入れ，試験フィルムをカップ上に流動パラフィンでシールした後，風袋重量を天秤で測定する。次に恒温恒湿槽（40℃，90%RH）内にカップを置き，カルシウムへの吸湿度を重量変化で定期的に見ていく方法である。天秤の秤量分解能から，一般に測定下限値は0.3 g/m^2/dayであり，要求検出感度に到底達しない。

1.4.2 圧力法による評価法(差圧法)

差圧法は圧力差を気体の全圧差で計測する方法で,フィルム・膜両面に圧力差を持たせて測定するためバリア膜に力学的ストレスがかかり,バリア膜へのダメージが懸念される。またシール面からのシステムリーク量の正確な差し引き方法が難しいこともあり,ハイバリアに対しては等圧法の方が信頼性の高い測定ができると考えられている。特にハイバリア材料では透過速度が極度に低いので測定時間が長くなることから,低圧側真空度の安定性と再現性がより重要になる。異なるサンプル間の相対的比較として使用されているようである。

1.4.3 感湿センサー法による評価法(等圧法)

この方法はフィルムの片面は100%RH水蒸気室があり,反対面には湿気パージングガス窒素が湿度センサーの設定湿度に対応した時間だけ断続して流れるようになっている。例えば,90%RH±1%RHで測定したい場合,フィルムの反対面から透過してきた水分子で,セルの湿度センサーが11%RHに感応するとパージングガスが流れ,湿度は下がり始める。湿度センサーの読み値が9%RHになればパージングガスの流れは止まり,湿度は上がり始める。このようにガスの流れを制御しているバルブの開閉時間が一定となったところが定常状態となる。この方法は湿度センサーの検出感度によるので,測定下限値は$0.05\,g/m^2/day$近辺であり要求検出感度には達しない。

1.4.4 モコン法による評価法(等圧法)

等圧法は圧力差を特定気体の分圧差で計測する場合を言い,フィルム両面が同圧で測定する方法のため,不要なストレスがサンプルにかからず,バリア膜へのダメージが少なく,再現性のよい測定ができる。

① 赤外センサー法

測定下限値が$0.005\,g/m^2/day$では液晶関連に使用できるが,有機ELには測定感度が不足である。

② クーロメトリック法

AQUATRANは測定下限値が$5\times10^{-4}\,g/m^2/day$である。検出器単体としては$5\times10^{-6}\,g/m^2/day$の感度があるとされているが,システムとしての装置では構成部品のリーク量の低減や装置のキャリブレーション方法の開発,超高感度温度コントロールなどのハードルがあり,感度保証はされていない。

測定は等圧法であり,操作が簡単なため個人差がなく,測定時間もフィルム構成によるが,PE/SiO$_x$/Nyの水蒸気透過度$8\times10^{-4}\,g/m^2/day$近辺の測定に対して,定常状態までに要した時間は50～70時間である。

図3はAQUATRANで測定した水蒸気バリア性$5.5\times10^{-4}\,g/m^2/day$のフィルム測定データを

最新ガスバリア薄膜技術

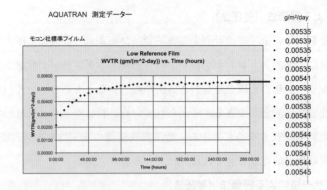

図3　0.0054 g/m²/day 測定データー（水蒸気バリア性）

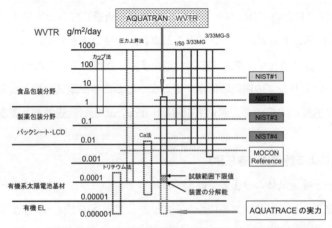

図4　各種水蒸気バリア性試験装置の測定領域（破線は推定領域）

示し，図4は各種水蒸気バリア性試験装置の測定領域を示す。

1.5　ガスバリア性評価の信頼性

測定結果の信頼性はお客様への品質保証の原点であり，ユーザーに約束した通りの製品を常に提供しているかを問われる。

ガスバリア性における信頼性は下記に示される要素によって決定される。

1.5.1　装置の校正がなされ，測定結果が検証できること

装置は次のようにいくつかの方法で校正されていなければ信頼性のある測定結果が得られない。

① NIST 標準フィルムで確認する方法

公的に認証されたキャリブレーションフィルムで行えれば，測定結果の信頼性は飛躍的に高くなり，世界標準機として認知されることになる。更に取扱いが簡単にできるならば校正時の

第1章　ガスバリア性評価技術

ヒューマンエラーは最小限に抑えられる。MOCON社装置ではNISTで認証された標準フィルムで装置の校正を行い，短時間で精度の高い測定結果を得ることができる。

水蒸気透過度試験に使用されるNISTトレーサブルフィルムの保証値と保証精度を示す。

NIST #1：15.9 g/m^2/day ±5%　NIST #3：0.214 g/m^2/day ±5%

NIST #2：3.10 g/m^2/day ±5%　NIST #4：0.032 g/m^2/day ±5%

酸素透過率測定装置に対しては測定原理から装置のキャリブレーションは不要であるが，感度確認のため，下記NISTトレーサブルフィルムが用意されている。

NIST #1：44.4 cc/m^2/day ±3%　NIST #3：1.93 cc/m^2/day ±3%

NIST #2：10.4 cc/m^2/day ±3%　NIST #4：0.538 cc/m^2/day ±3%

＊NIST：National Institute of Standards & Technology（米国国立標準技術局）

クーロメトリック法によるNISTフィルムの測定例を図5に示す。

② **自社が生産したフィルムで確認する方法**

カップ法または袋法による重量法で確定した自社のフィルムを使用する方法であり，公的性にやや難点があることと，検証に2週間以上必要とされる。

③ **NISTトレーサブル標準ガスで確認する方法**

NISTトレーサブル標準ガスの下限値は10 ppm±1 ppm（0.1 g/m^2/day WVTR）である。校正に使用する標準ガスはサンプル測定セルに導入するのではなく，バイパス流路に導入される間接的な感度試験である。標準ガス成分割合は時間経過と共に変化するため，ガス品質管理には十分注意が必要である。

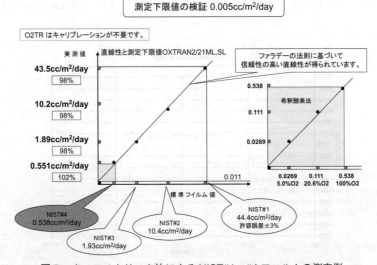

図5　クーロメトリック法によるNIST#1〜#4フィルムの測定例

④ 重量フィルム法で確認する方法

PET（ポリエステル）フィルム等に吸着される水分量を定期的にマイクロ天秤 μg で計測し，時間当たりの重量を求める。4ケ月以上の長期間を必要とするので，他の確認手法の補助手段として用いられる。

$$WVTR = (mf - mi)/\Delta t \; g/m^2/day$$

  mf：フィルムの最終の重量 g mi：フィルムの最初の重量 g

  Δt：最初の重量測定から最終の重量測定までの時間 day

⑤ 露点計による方法

露点計で検出可能な下限値は 1 ppm（$0.01 \; g/m^2/day$）とされている。サンプルガスを検出器に導入，結露検出としてのミラーの鏡面温度がサンプルガスの露点温度であり，白金抵抗温度計から読み取ることができる。この場合の露点温度は -20 ℃ である。

1.5.2 システムリーク率（ゼロレベル）が確定されていること

装置のシステムリークは構成部品やサンプルとセル間の接触面等から必然的に生じるもので，完全に除去することは非常に困難である。等圧法（モコン法）では特定気体のリークに注目できるので，システムリーク率確定域で測定されたリーク値はテスト域で自動的に差し引かれるよう設計されており，試験精度は大幅に改善される。

図6にフィルム両面に絶乾窒素ガスで確定したシステムリーク率を差し引いた測定結果を示す。

1.5.3 測定温度，湿度の正確性

温度制御に関しては精度よく測定する機能が充実されているが，湿度制御は湿度発生方式が

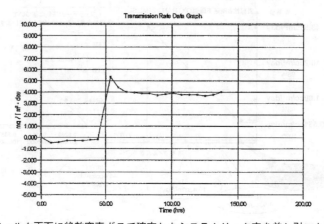

図6　フィルム両面に絶乾窒素ガスで確定したシステムリーク率を差し引いた測定結果

第1章 ガスバリア性評価技術

種々あり，その方式により精度に大きな差を生じる。

　湿度依存性の強い EVOH，NYLON 等は湿度制御の誤差が大きくバリア性に影響する。その中で2圧力法による湿度コントロール方式は湿度発生飽和槽と試験槽であるサンプル測定セル温度は同一であり，非常に精度のよい湿度制御ができるようになっている。

1.6　フィルム，シート形状での測定ポイント

　ハイバリア（$1.0\,g/m^2/day$ 以下）測定にはフィルム取付け時に用いるグリースのバリア性確保，テストガス透過方向，サンプリング個所やサンプルの保存期間・トリミングの仕方，予備状態調節条件の認識，アルミ蒸着やシリカ蒸着のベースフィルムへの湿度影響の把握や膜厚の精度と平坦度，システムリーク率（ゼロレベル）の差し引き方法等が重要である。これらに無頓着であると測定精度に影響する。また測定中サンプルは可塑化あるいは非可塑化と常に変化していることもあり，定常状態で測定が終了するとは限らないことも念頭においておく必要がある。この一例として図7に AQUATRAN で見てとれるウルトラハイバリアの世界で行われている挙動を示す。高分子材料のベースフィルムが湿気によって伸長し，塗膜していた無機物にわずかなクラックが少しずつ成長していく過程がよく判る。

　図8はフィルム取付け時に用いるグリースの酸素バリア性を示す。

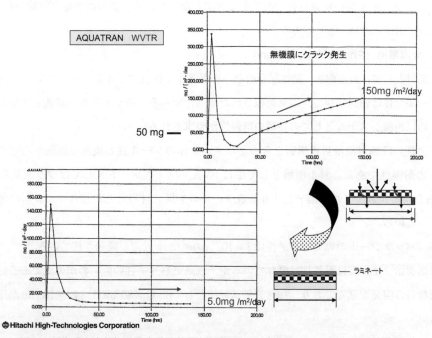

図7　超高感度水蒸気透過度試験装置 AQUATRAN でのウルトラハイバリアの世界

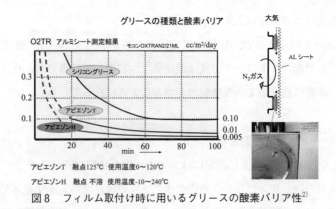

図8 フィルム取付け時に用いるグリースの酸素バリア性[2]

1.7 有機EL，太陽・燃料電池関連部材開発におけるガスバリア性の評価

有機EL，太陽・燃料電池分野は急拡大で関連市場の研究開発を各社が加速している。ここではガスバリア性評価の現況について述べる。

1.7.1 有機EL（Organic Electro-Luminescence）

発光体の有機物は酸素や湿気の影響により，少しずつ劣化して輝度が低下する。例えば，テレビに求められる寿命は7000 hr/year×5年＝35000 hr 以上である。従って，この空気を遮断する封止材料・封止技術の開発にとって重要なツールがガスバリア性試験装置である。

有機EL成分を保護する部材には，封止樹脂，ガラス基板，ガラスキャップがあるが，より耐湿性の高い材料の開発が長寿命化への重要な方向となっている。高温高湿保存試験条件として，60℃×90％RH×500 hr 以上がある。

1.7.2 太陽電池（Photovoltaic Battery）

主要部材として，封止樹脂，発電部分のセルを保護する保護フィルム（バックシート）があり，モジュール全体は密封状態で，電気絶縁された構造体である。モジュールの機能を20年以上保持するために絶縁システムとしての長期の信頼性が要求される。

バリア性の評価対象は封止樹脂を含めたパネル全体のシール性と裏面を風雨から守るバックシートの耐湿性である。封止樹脂として主にEVA，バックシートとしてはフッ素樹脂フィルム・PETフィルム・アルミ箔・シリカ蒸着フィルムを構成材料とした複合フィルムの使用が主流となっている。

現在，バックシートのガスバリア性は 1×10^{-2} g/m^2/day 近辺が開発されている。

フッ素樹脂フィルムは耐候性は優れているが，水蒸気バリア性の低いのが欠点である。その代替構成材料の開発が進んでおり，加速評価試験法として85℃×85％RH×72～168 hr が確立しつつある。

図9に太陽電池モジュールの水蒸気バリア性をどのようにして測定（80℃，100％RH）する

第1章　ガスバリア性評価技術

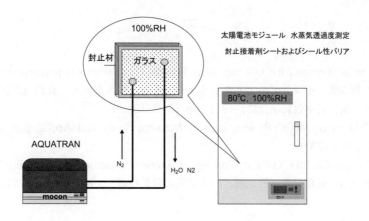

図9　太陽電池モジュールの水蒸気透過度測定の概略図[1]

かを概略図で示す。実際に米国ではこのテストを繰り返し，シール性技術の開発に寄与している。

1.7.3　燃料電池（Fuel Battery）

　自動車や小型情報機器に使用される固体高分子型燃料電池の電解質膜は高分子膜を用いている。セルを効率アップするには水素子イオンの伝導性がキーポイントとなるので，高分子膜の厚さを薄くする必要がある。しかしあまりに薄い膜はかえって発電効率を低下させる。セル効率は水素と酸素の透過効率や陽極と陰極の構造設計に影響される。セルの効率を高めるための電解質膜と電極の改良にガスバリア性試験装置が必要とされる。今後，新しいガスバリア性評価分野としてこれまで以上に脚光を浴びていくことは間違いない。

1.8　おわりに

　製品評価を正確かつ迅速に実施することは，開発のスピードアップと品質管理のコスト低減に直接寄与する重要なファクターである。従来から新技術や新手法が随時導入されており，評価試験装置の性能や測定技術向上も目覚ましいが，近年特に注目されている新たな分野であるディスプレイ関連部材，太陽電池・燃料電池部材のガスバリア性評価において，更なる評価技術の革新，装置の性能向上，特に超高感度と測定時間短縮が強く要望されている。加えて評価試験方法が時代にマッチした適正な標準規格の早急な作成が期待されている[3,6]。

文　献

1) Michelle Stevens, MOCON Inc., New Trends Technologies in permeation Analysis (2010)
2) 大谷新太郎, モコンテクニカルセミナー・インハウスセミナー資料 (2010)
3) 永井一清, 日本包装学会誌, **19**(2), p. 65-81 (2010)
4) J. Georgia Gu, MOCON Inc., Barrier Material Study and Application in OLED and PV Industries (2009)
5) J. Georgia Gu, MOCON Inc., Concept of Barrier Properties of Packaging Materials (2009)
6) 永井一清, 気体分離・透過膜・バリア膜の最新技術, p. 88-100, シーエムシー出版 (2007)

2 Lyssy（リッシー）

松原哲也*

2.1 はじめに

　大気中の水蒸気や酸素は人間の生活にとってなくてはならないものであるが，ある種の工業製品にとっては酸化や変質など劣化の原因となる場合もある。よって各種工業では様々な方法で水蒸気や酸素を遮断する方法が考案されてきた。製品を透過性の低いフィルムで包装し内部を不活性ガスで置換したり，製品を透過性の低い材料でコーティングする方法である。

　水蒸気やガス透過の測定方法にはガス種や原理等により様々な方法があるが，本稿では水蒸気，ガスの透過度測定において一般的に使われているLyssy法について紹介する。

2.2 L80-5000型水蒸気透過度計（写真1）

　水蒸気透過度（透湿度）は従来よりカップ法（JIS Z0208防湿包装材料の透湿度試験方法）という方法により測定されてきた。これは吸湿剤を入れたアルミ製の透湿カップを測定サンプルで封をし，40℃，90%RHの環境下に置く（図1）。

　サンプルを透過した水蒸気によりカップの重量が増加するので，これを精密天秤で秤量する方

写真1　L80-5000型水蒸気透過度計

＊　Tetsuya Matsubara　八洲貿易㈱　第一事業本部

最新ガスバリア薄膜技術

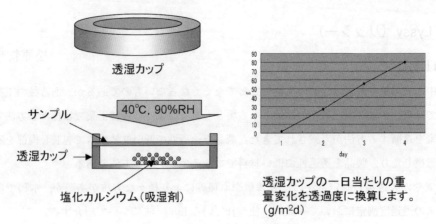

図1　カップ法による水蒸気透過度測定

法である。透過度は1日に透過した水蒸気の重さを透過面積1m²当たりに換算して評価する。簡易な設備でできる方法であるが，測定精度，測定時間などの点で問題があった。

Lyssy（リッシー）法はスイスのリッシー博士により考案された方法で，現在では世界中の研究所で利用されており，日本でもJIS K 7129（プラスチック−フィルム及びシート−水蒸気透過度の求め方）として採用されている。

測定サンプルはフォルダーに固定され，図2の様に上部チャンバー（10%RH）と下部チャンバー（100%RH）の間に固定される，これによりフィルム表裏の相対湿度差はΔ90%RHとなる。測定雰囲気は内部ヒーターにより40℃（JIS規定値）に温度調整される。

下部チャンバーより透過した水蒸気は上部チャンバーの湿度センサーにて検出され，湿度変化に要する時間（測定インターバル）を，透過度が既知の標準試料の時間と比較することにより透湿度を計算する（図3）。

Lyssy法による水蒸気の透過度は下記の式で計算される。

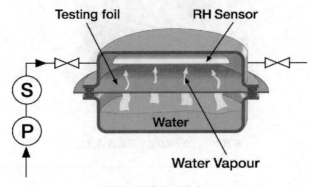

図2　測定チャンバー

第1章 ガスバリア性評価技術

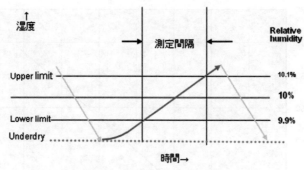

図3 Lyssy法の測定サイクル

Psa ＝ Pstd × Cstd/Csa

Psa：サンプルの透過度（g/m^2 day）

Pstd：標準試料の透過度（g/m^2 day） ＝ 既知

Csa：サンプルの測定時間（カウント数＝秒）

Cstd：標準試料の測定時間（カウント数＝秒） ＝ 既知

　カップ法が一定時間に透過した水分を秤量するのに対して，Lyssy法では一定の湿度変化に要する時間を標準試料と比較している。標準試料と透過の速さを比べている，いわば相対的な測定方法である。透湿カップの重量変化より湿度変化で検出する方が微量の水分を検出できることから，短時間，高精度で測定できる。

　水蒸気を検出するセンサーは静電容量式の湿度センサーであり，長期間にわたって安定した測定をすることができる。日常的な点検法としては定期的にポリエステルの標準試料で校正するだけでよい。

　L80-5000型では測定を繰り返し行うので，測定結果に再現性が見られるまで確認することができる。多くのプラスチックフィルムはサンプル表面または内部に水分を含んでおり，測定環境（40℃，90%RH）に安定するまで時間を要することが多い。

　機器の校正に使用する標準試料として，カップ法にて値づけのされているポリエステルフィルムを採用しているので，従来法とデータの相関性を持たせることができる（図4）。

2.3　L100-5000型ガス透過度計

　気体の透過度には，フィルムの両面を大気圧下で行う等圧法と，透過の二次側を真空にして行う差圧法がある。バリア膜の透過度測定では古くより差圧式の方法が利用されており，この測定方法が自動化されたものがL100-5000型ガス透過度計（写真2）である。

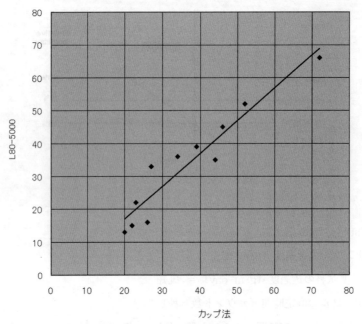

図4　カップ法とLyssy法によるデータの相関性

写真2　L100-5000型ガス透過度計

　JIS規格ではKIS K7126-1（プラスチック-フィルム及びシート-ガス透過度試験方法）として規定されている。

　測定サンプルは上部チャンバー（試験ガス側）と下部チャンバー（真空側）の間に固定される

第1章　ガスバリア性評価技術

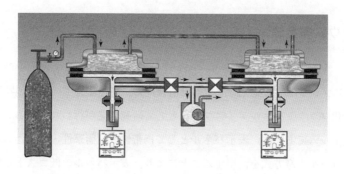

図5　L100-5000型ガス透過度計

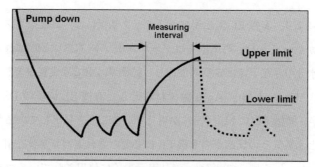

図6　L100-5000ガス透過度計測定サイクル

（図5）。

　透過により真空側に透過した試験ガス（O_2，CO_2 など）は下部チャンバーにある真空センサー（ピラニー真空計）により検出され，圧力変化に要する時間を透過度が既知の標準フィルムと比較することにより透過度が計算される（図6）。

　ガスの真空度（圧力）により透過ガスの検出を行う方式のため，試験ガスの種類は酸素，炭酸ガスの他に窒素，ヘリウム，アルゴン等にも対応できる。

　本機は真空引きと測定を交互に行い，真空引きは若干の時間がかかる。このため測定を効率化するために測定セルは2連式となっており，真空引きと測定を交互に行うようにプログラムされている。

2.4　おわりに

　バリア材料は近年ますます高機能化，ハイバリア化しており，水蒸気・ガスの透過度計の要求も多くなっていくことと考えられる。

3 カルシウム腐食法

楳田英雄*

3.1 はじめに

　有機ELディスプレイは，自発光，薄型，低消費電力，高速駆動等，多くの特徴を有していることから，次世代フラットパネルディスプレイとして研究開発が行われている。さらに，基板がプラスチックフィルムであれば，表示パネルとして携帯性・耐衝撃性・屈曲性の付与が期待できる。さらには，ロール生産方式を活用することにより，表示パネルの低コストが期待される。しかし，有機EL素子をプラスチックフィルム上に形成することは，単なる材料の置き換えとは言えない。

　これまでの研究により，有機EL素子用プラスチック基板には，高度なガスバリア性と表面平滑性が必要なことが判ってきた。河原田らはダークスポット（DS）と呼ばれる非発光欠陥の成長について調べ，水分の存在下では成長が加速し，乾燥ガス中では成長が著しく抑制されることを報告している[1]。AzizらはMg：Agを陰極材料とした有機EL素子のDSを検討した結果，Alq_3発光層/Mg：Ag陰極界面に$Mg(OH)_2$が生じていることを見出している[2]。Graffらは低仕事関数の陰極材料と水蒸気との反応から有機ELに必要とされるバリア性を計算し，水蒸気透過量10^{-5}～10^{-6} $g/m^2/day$と予測している[3]。液晶表示素子に使用されているプラスチックフィルムには，酸化ケイ素や酸化アルミのバリア層が設けられているが[4]，その水蒸気透過量は0.2 $g/m^2/day$程度であり有機EL用には不十分である[5]。

　宮寺らはポリエチレンテレフタレートやポリカーボネートフィルムを基材に用い有機EL素子を作製し発光状態を観察した[6]。その結果，発光状態は数十nmオーダーの表面凹凸の影響を受けることが判った。プラスチックフィルム表面を平滑化する手法はいくつか知られているが，実用性の点で課題を残している。栗栖らは平坦加工した原型基板の表面をプラスチック基板に樹脂材料を介して転写する方法を検討している[7]。また，Yializisらは真空装置内の基板表面上に放射線硬化型のアクリルモノマーを蒸着し硬化する方法を報告している[8]。しかしながら，転写法は高精度に研磨加工した高価な転写用基板が必要であり，コストアップが考えられる。また，真空蒸着法は，真空プロセスのため生産性が低く，加熱蒸着可能なアクリル材料が限られるため，コーティング層設計の自由度が低いと考えられる。後述のように，我々は実用性の高い手法の開発を目指し，通常のコーティングでnmオーダーの平滑性を得ることに成功している。

　一方，バリア膜の評価方法にも課題がある。測定限界の問題はあるが，従来法である乾湿センサー法，カップ法，赤外センサー法，質量分析法等から得られる水蒸気透過量のデータは所定

---

* Hideo Umeda　住友ベークライト㈱　神戸基礎研究所　研究部　主席研究員

第1章 ガスバリア性評価技術

フィルムの平均値であり，水蒸気透過要因を詳細に解析することは不可能である。プラスチックフィルム上の局所欠陥は DS として有機 EL パネルに影響を及ぼすと先に述べたが，同様にバリア膜に対しても，バリア欠陥として局所的な水蒸気透過をもたらす。つまり，高度なバリア膜を成膜する技術ができたとしても，そのバリア性を担保できる性能がプラスチックフィルムに備わっていなければ，有機 EL 用のハイバリアフィルムを完成させることはできない。

ガラス基材とは異なり，高度な研磨が困難なプラスチックフィルムにおいては，その表面性がバリア性に及ぼす影響を解析することができる評価手段が必要となってくる。つまり，プラスチックフィルムに高度なバリア性を付与する場合，バリア膜そのものを透過する水分量とは別に，フィルム基板上に存在する表面欠陥や付着異物等に影響を受けるバリア膜欠陥から透過する水分量を評価または解析できる評価方法が必要になってくる。

Nisato らは低仕事関数のカルシウムとバリア基板を透過する水分との反応を利用したカルシウム腐食法を提案しており，カルシウム腐食面積率の経時変化を評価することで微量な透湿度を推算している[9]。さらに，Kumar らは不透明基板でも測定可能なセル構成を提案した[10]。しかしながら，彼らの方法では微量な透水量は測定できるが，欠陥解析には至っていなかった。本稿では，カルシウム腐食解析法と局所欠陥解析方法について紹介を行う。

3.2 プラスチックフィルムの表面性

先ずは，溶剤キャスト法を用いた樹脂コートにより表面性の異なるプラスチックフィルムを作製し，その表面性を評価した。写真1に樹脂コートしたプラスチックフィルム表面の AFM 像を示す。Sample 1 は直径数十 nm の穴状欠陥が認められるが，Sample 2 は Ra = 1 nm 以下，Ry = 10 nm 以下であり，局所的な表面凹凸が Sample 1 に比べて改良されている。このことから，Sample 1 に無機バリア膜を成膜した場合，フィルム表面欠陥の存在による無機バリア膜欠陥に伴うバリア性低下が推定される。

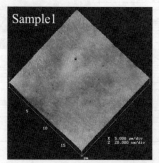 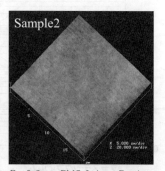

Ra=1.1nm, RMS=1.4nm, Ry=42nm　　Ra=0.3nm, RMS=0.4nm, Ry=4nm

写真1　樹脂コートプラスチックフィルムの AFM 像

3.3 無機バリア成膜

3.3.1 フィルム表面性（形状）の影響

写真1に示したプラスチックフィルムにSiO$_x$成膜を行い、それぞれの無機バリア付きフィルムの水蒸気透過量をMOCON社製のPERMATRANにより評価した。基板表面平滑性と水蒸気透過量の関係を図1に示す。また、プラスチックフィルムのみのバリア性も同時に示す。表面平滑性の高いSample 2を用いたバリア膜は、水蒸気透過量も低く、測定値のバラツキも小さいことが図から判る。Yoshidaら[5]やDeckerら[11]が報告しているように、バリア性低下の要因は、フィルム表面凹凸によるバリア未成膜部分（ピンホール）の増加であると考えられる。

3.3.2 フィルム表面性（密着性）の影響

図2に表面密着性が異なるバリアフィルムの水蒸気透過量について、経時変化測定結果を示す。Sample 2とSample 3は、コート樹脂組成物を変化させることによりフィルムを作製した。Sample 2の水蒸気透過量が安定しているのに対し、Sample 3では20時間を経過したあたりから水蒸気透過量の増加が認められる。これは40℃、90%RHの測定条件下において、プラスチックフィルムが吸湿膨張したため、密着性に乏しいSample 3では、無機バリア膜とコーティング膜間が局所的に剥離した影響であると容易に推測される。

3.4 カルシウム腐食法による評価

3.4.1 水蒸気透過度の定量化

$$Ca + 2H_2O \rightarrow Ca(OH)_2 + H_2 \tag{1}$$

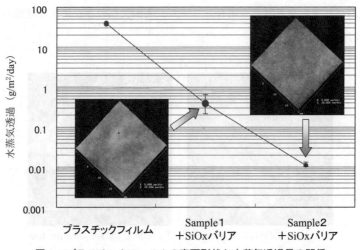

図1　プラスチックフィルムの表面形状と水蒸気透過量の関係

第1章　ガスバリア性評価技術

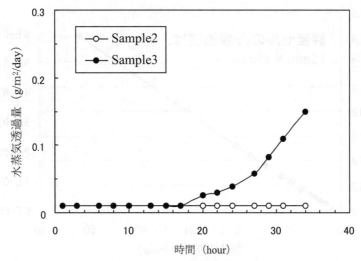

図2　プラスチックフィルムの表面密着性と水蒸気透過量の関係（40℃，90%RH処理）

カルシウムと水の化学反応は式(1)で表され，単位時間あたりに成長するカルシウムの総腐食面積とカルシウムの膜厚から生成した水酸化カルシウム量を算出し，水酸化カルシウム量から単位時間あたりに消費された水分量を算出する。

写真2にカルシウム腐食の経時変化を示す。カルシウムの腐食面積が時間とともに拡大していく様子が判る。さらに，腐食面積の変化から水蒸気透過性（WVTR：$g/m^2/day$）を見積もった。その例を図3に示す。水蒸気透過性は式(2)より算出しており，図3から求められる WVTR は $1.3×10^{-3}\,g/m^2/day$ である。

$$WVTR = d \cdot A_{Ca(OH)_2} \cdot t \cdot 2 \cdot M_{H_2O}/M_{Ca(OH)_2} \cdot 1/A_{Ca} \cdot 1/T \qquad (2)$$

　　d：カルシウムの密度（g/m^3）　　　　　M_{H_2O}：水の分子量

　　$A_{Ca(OH)_2}$：水酸化カルシウムの面積（m^2）　　$M_{Ca(OH)_2}$：カルシウムの分子量

　　A_{Ca}：カルシウムの面積（m^2）　　　　　T：処理時間（day）

　　t：カルシウム厚（m）

写真2　カルシウム腐食面積の経時変化（50℃，95%RH処理）

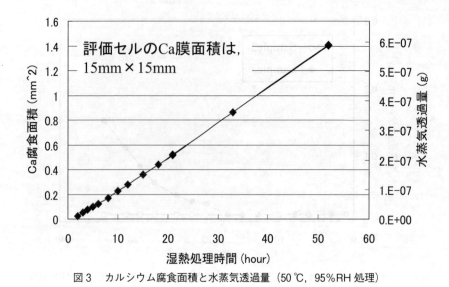

図3　カルシウム腐食面積と水蒸気透過量（50℃，95%RH処理）

3.4.2　評価セルの概要

図4にカルシウム腐食評価用セルの構成図を示す。バリア膜面に腐食性の高いCaを蒸着し，次いでAl蒸着膜で封止した後，さらに水蒸気透過性の低い熱可塑性樹脂で保護した。評価セルを任意環境下で処理することにより，バリア膜を透過した水蒸気量を定量化することが可能になる。ただし，観察方向はプラスチックフィルム側からの制限があるため，不透明なフィルムへの適応は困難である。

図4のセル構成を持つことにより，評価終了後のセルは，熱可塑性樹脂，Al膜，Ca膜を剥離することでカルシウム腐食の原因となった箇所を直接観察することが可能になる。

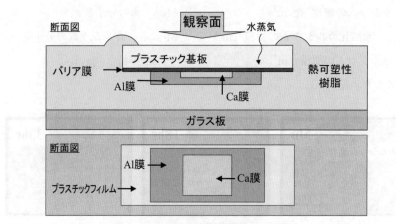

図4　カルシウム腐食評価用セルの構成

3.4.3 カルシウム腐食評価例

写真3にカルシウム腐食状態の例を示す。酸化物膜A～Cでは点状の腐食状態が多く観察され、その個数は酸化物膜によって異なり、バリア性に差が出る。酸化物膜Dは大きな腐食円が観察され、かつ、全体に細かな腐食が発生しており、4例の中では最もバリア性が悪い。腐食の進行状態から、点腐食で腐食個数が少なく、その腐食の経時変化が小さなものはバリア性が高く、フィルムとの密着性が高い膜質と判断できる。逆に、酸化物膜Dのような膜は、バリア性、密着性ともに期待のできない膜質であると判断される。

次に、同一観察面内における個々のカルシウム腐食箇所について、カルシウム腐食成長速度を評価した。その結果を図5に示す。図5より、欠陥によってカルシウムの腐食速度が異なることが判る。

これらの結果より、カルシウム腐食法は、微量の透過水蒸気量を定量できるだけでなく、腐食の特徴から水蒸気透過の要因を推測できる評価方法であることが言える。

3.4.4 局所欠陥の構造解析

任意のカルシウム腐食中心箇所について、カルシウム腐食評価終了後に熱可塑性樹脂、Al、Ca層を加熱剥離しAFMにて観察を行った。その結果を写真4に示す。写真4から、カルシウム腐食中心箇所には、バリア膜厚レベルの穴状欠陥が認められた。また、他の腐食中心解析ではクラックや突状欠陥が認められ、バリア性低下には種々の要因が存在していることが判った。欠陥サイズとバリア性について、Deckerら[11]はバリア欠陥面積率が同じ場合、小欠陥が多数存在するバリア膜は大欠陥が少数存在する膜よりもバリア性が低下することを報告している。

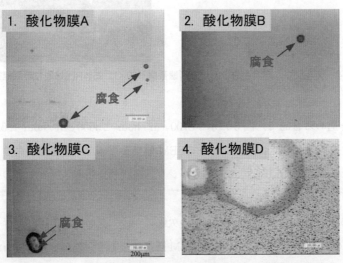

写真3　カルシウム腐食状態（50℃、95%RH 処理12時間経過後）

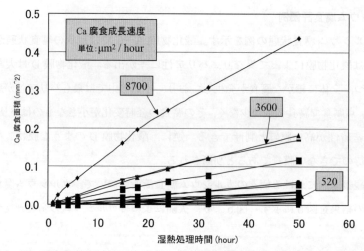

図5　同一観察面内におけるカルシウム腐食成長速度を評価（50℃，95%RH処理）

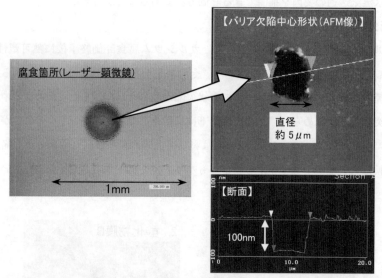

写真4　カルシウム腐食中心における形態観察（50℃，95%RH処理12時間経過後）

　詳細な解析を進める目的で，図5に示す8700 μm^2/hour と3600 μm^2/hour と520 μm^2/hour のカルシウム腐食成長速度を持つ欠陥についてSEM観察を行った。結果を写真5～7に示す。それぞれの欠陥サイズは7 μm程度であり，カルシウム腐食成長速度と腐食中心の欠陥サイズに明確な相関を得ることができなかった。

　さらに，8700 μm^2/hour と3600 μm^2/hour の欠陥について断面TEM観察を行った。写真8に8700 μm^2/hour の断面切り出し箇所と断面TEM観察像を示す。写真9に3600 μm^2/hour の欠陥について同様の結果を示す。写真8, 9の結果ともに，プラスチックフィルム上に付着異物のよ

第1章 ガスバリア性評価技術

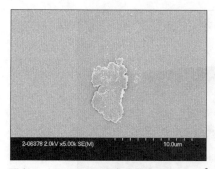

写真5 カルシウム腐食成長速度8700μm²の欠陥部のSEM観察像

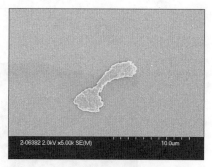

写真6 カルシウム腐食成長速度3600μm²の欠陥部のSEM観察像

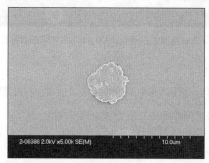

写真7 カルシウム腐食成長速度520μm²の欠陥部のSEM観察像

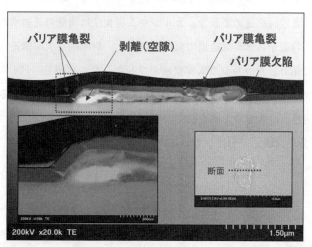

写真8 カルシウム腐食成長速度8700μm²の欠陥部の断面TEM観察像

うなものが存在し，その表面に無機バリア膜が存在していることが判る。写真8から判るように，カルシウム腐食成長速度が速い欠陥核では，無機バリア膜に多くのバリア亀裂が存在し，プラスチックフィルムと付着異物間に空隙が存在することも判る。SEM観察からは，カルシウム

139

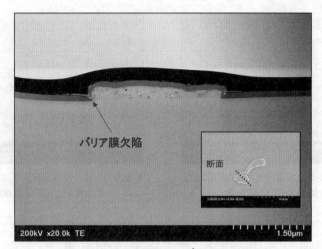

写真9　カルシウム腐食成長速度3600 μm^2 の欠陥部の断面 TEM 観察像

腐食成長速度と欠陥核サイズに相関は得られなかったが，断面 TEM 観察からは，カルシウム腐食成長速度とバリア膜欠陥に相関があることが確認できた。

3.5 まとめ

我々は，プラスチックフィルム上にハイバリア性を付与するためには，その評価解析方法の開発が必要であると考え検討を進めてきた。カルシウム腐食法は微量の透過水蒸気量を定量できるだけでなく，腐食の特徴から水蒸気透過の要因を推測し，局所的な欠陥構造の解析も可能な評価方法である。本稿で紹介したカルシウム腐食法がフレキシブル有機 EL ディスプレイの実用化に向けたハイバリアプラスチックフィルムの開発に貢献することを期待している。

超微量水蒸気透過性（カルシウム腐食法）の実用的な試験については，住ベリサーチ㈱（http://sb-r.co.jp/）にて分析試験測定を行っている。

文　献

1) 河原田美穂，大石三真，斉藤　毅，長谷川悦雄，月刊ディスプレイ，**4**(4), 59 (1998)
2) H. Aziz, Z. Popovic, C. P. Tripp, N. X. Hu, A. M. Hor, G. Xu, *Appl. Phys. Lett.*, **72**, 2642 (1998)
3) G. L. Graff, M. E. Gross, M. G. Hall, E. S. Mast, C. C. Bonham, P. M. Martin, M. K. Shi, J. Brown, J. Mahon, P. Burrows and M. Sullivan, Society of Vacuum Coaters 43rd Annual Technical

Conference Proceedings, 397 (2000)
4) 鈴木和嘉, マテリアルステージ, **2**, 34 (2002)
5) A. Yoshida, A. Sugimoto, T. Miyadera and S. Miyaguchi, *Journal of Photopolymer Science and Technology*, **14**, 327 (2001)
6) 宮寺敏之, 吉田綾子, 杉本　晃, 宮口　敏, Japan Hardcopy 2001 論文集, 145 (2001)
7) 栗栖保之ほか, 特開平8-99327
8) A. Yializis, M. G. Mikhael and R. E. Ellwanger, Society of Vacuum Coaters 43rd Annual Technical Conference Proceedings, 404 (2000)
9) G. Nisato, P. C. P. Bouten, P. J. Slikkerveer, W. D. Bennett, G. L. Graff, N. Rutherford and L. Wiese, Asia Display/IDW'01 Proceeding, 1435 (2001)
10) R. S. Kumar, M. Auch, E. Ou, G. Ewald, C. S. Jin, *Thin Solid Films*, **417**, 120 (2002)
11) W. Decker and B. Henry, Society of Vacuum Coaters 45th Annual Technical Conference Proceedings, 492 (2002)

4 差圧法による多面的バリア透過率測定

井口惠進*

4.1 はじめに

従来食品包装用バリアフィルム等の水蒸気透過率測定に使われている多くのものは一般に等圧方式と称し，サンプルの両面にかかるキャリアガス圧を等圧にして，各ガス分圧濃度差を駆動力として通過した水蒸気をセンサー部に搬送し分析する装置が多い。

それに対し，歴史的に実績のある差圧法に基づき，特に電子デバイス用ハイバリアフィルム測定に改良特化した装置として上市され，急速に実績をあげている英国 Technolox 社の DELTAPERM（デルタパーム）について解説してみたい。

4.2 DELTAPERM

この装置は発売開始2年で，太陽電池バックシート，有機EL等の機能フィルム業界の国内主要客先十数社に多くの実績をあげており，既に一部の客先では生産管理用にも使われており近い将来この分野における実質的な標準器になる要素は十分と確信している。

この装置は，サンプルの片面に設定された温度，湿度の水蒸気を入れ，もう片面を真空にすると，その圧力差を駆動力としてサンプル面を通過した水蒸気により反対側のセル内の圧力が上昇する。その速度上昇率を測定し透過率を出すという極めてシンプルな構造でありながら測定下限

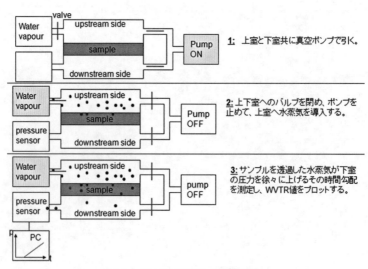

図1　DELTAPERM の測定手順

---

*　Yoshinobu Iguchi　㈱テクノ・アイ　代表取締役

第1章 ガスバリア性評価技術

は 2×10^{-4} g/m²/day で，多くの等圧法の装置下限より高い精度を出している。その基本的な操作は図1のようなステップとなる。

このような単純な原理と測定手順でありながら，具体的には下記のような特徴をもっている。

① 水蒸気透過による圧力上昇値の直接変換による WVTR 値の算出ができるため，累積誤差が少なく極めて精度が高い。

下室の圧力上昇値（Δp）から通過した水分子量，水の重量（g）が計算され，それに要した時間（Δt）から WVTR として《g/m²/day》が直接演算できる。

圧力センサーは Δp を出すだけで zero 補正が不要なため，再現精度が極めて高い。

他の方式で使われる電気量，赤外線量，化学的変化量換算，質量分析等の間接因子を経由するための誤差の累積，推定要素がない。

多くの装置で必要とされている標準フィルム等による測定前キャリリブレーション（校正）が不要である。またキャリアガス不要のため，流量精度，ガス温度制御，ガス成分純度等による誤差の問題もない。

② 水蒸気発生源，サンプル室，圧力センサー，パイプ配管のすべてが恒温室の中にあり，40℃×90%RH から 85℃×85%RH までの水蒸気透過率とバリア特性が連続的に測定できる。水蒸気の発生源から接ガス部とサンプル自体まですべての場所が常に設定された同じ温度と湿度に維持され，内部に温度/相対湿度勾配がないことが測定精度に大きく影響するが，これをクリアする緻密な設計とノウハウを駆使した構造になっている。

③ すべての測定条件を恒温室外からパソコンで指示し，サンプルに触れることなく条件を往復できるので，測定値の再現性が自己確認できる。またこれで得られた WVTR 値と温度のアレニウスプロットを描くことにより温度とバリア強度等の特性，繰り返しによる再現性の確認等種々の解析が可能である。

下記仕様のハイバリアフィルムを用い，測定温度と相対湿度を連続的に変化させた時のアレニウスプロットを図2に例示し，それから得られた情報の一部を考察する。

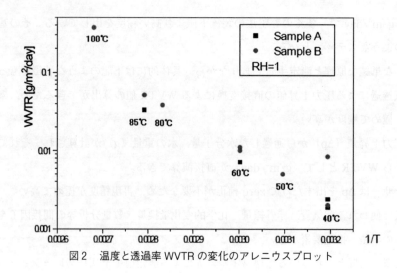

図2　温度と透過率WVTRの変化のアレニウスプロット

サンプル仕様：　材質：PEN　　厚さ：100μ
バリア膜種：SiO系　単層薄膜　厚さ：100 nm　CVDコーティング
設定温度履歴：
サンプルA：40℃-60℃-40℃-85℃-40℃
サンプルB：40℃-50℃-60℃-85℃-40℃-60℃-80℃-100℃-40℃
相対湿度はいずれも100%RHに設定した。

測定所要時間：
サンプルA：コンディショニングを含め約1,900 min（32 hr）
サンプルB：コンディショニングを含め2,400 min（40 hr）

考察の一部抜粋

(1) サンプルA，B共全体としてはアレニウスプロットの直線に乗っている。

　40℃から昇温度，降下を繰り返した後の40℃でのWVTR値は$2.4\text{-}2.0\times10^{-3}$ g/m²/dayに集約しており，再現性と信頼性は極めて高いことが確認できた。

(2) 但しサンプルBの100℃においては直線から外れ，明らかにバリア膜に非可逆的現象が発生した。その後温度を40℃に戻したが，WVTR値は9.0×10^{-3} g/m²/dayとなり，復帰できていなかったことによっても組成の変質が窺える。この間の詳細データは60 sec.毎に記録されている。

　このように部材相互間の物性変化の対温度評価も可能である。

④　サンプルのコンディショニング時間が短く全測定時間が早いため，品質管理に適している。

　サンプル基板からのアウトガス，システム内部の付着水分等の追い出しには装置全体をヒートアップして付属の真空ポンプで減圧すれば，他の方式のようなドライガスをパージするより遥か

第1章 ガスバリア性評価技術

に早くコンディショニングできるので，短時間で品質管理データが得られる。一般的に等圧法で1週間以上，カルシウム法で1〜2ヶ月とされる10^{-4} g/m^2/dayレベルのハイバリア膜が本装置では1〜2日で完了する実績も出ている。

上記のアレニウスプロットを採るための一連のテストでも2日以内に完了している。

⑤　各種ガス透過率が測定できる差圧法ならではの特徴を利用した種々の評価解析に利用され始めている。

水蒸気と酸素との混合ガスによる相互作用，水素やヘリウム透過率による物性促進シミュレーション，基板材樹脂のアウトガス量およびガス吸収量の測定等新しい評価解析のツールとしての展開が始まっている。

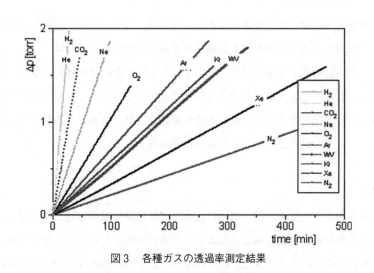

図3　各種ガスの透過率測定結果

⑥　保守が簡単で，ランニングコストが大幅に低減できる。

キャリアガスが不要で，消耗部品も通常年間で数万円と少ない。また圧力センサーは一定時間の差圧を計測するだけなので校正も通常不要で極めて長寿命である。

⑦　高機能向けハイバリアフィルム用市場における簡易な業界標準器としての可能性がある。

太陽電池用バックシート，有機EL等の高機能フィルム開発に取り組んでいる主要客先に，発売開始2年弱で多数台のご使用を頂き，既に生産管理用にも使われ始めている。

短時間の計測，高い再現性，平易な操作，低価格と安い維持費，高い市場占有率を具現化しつつあり，この分野の簡易な標準器となるための技術とサービス向上に取り組んでいる。

4.3 一般的な差圧法の問題点

なお，差圧法一般に対して従来より欠点を指摘されていた項目に対し，本装置では既に下記のように対応済みであることをご紹介したい。

(1) 差圧法はサンプルの両面のガス圧が異なるので，サンプルに歪みやクラックが生じ易いのでは？

本装置では通気性のある特殊な平板によりフィルムがサポートされており，フィルムダメージは発生致し難い構造となっている。発売後に多数のお客様のサンプルフィルムをテストしたが，差圧によると思われるフィルムダメージは発生していない。

むしろ多くの他社装置でサンプルの端面クランプにOリング等を用いているがこの局部的機械的締め付け圧力のほうがサンプル面に影響を与える可能性が高い。当社製品はこのクランプ法にも独自の工夫を施している。

(2) 水蒸気透過量を圧力センサーで検知するというのは，他のガス分子が紛れ込んでいても区別できず，全圧力を採るため不正確な透過率となる可能性があるのでは？

確かに本システムは真空系であるので空気がリークインするのは絶無ではない。事実まったく水蒸気を系内に入れなくとも下室の真空圧は徐々に上がってくる。しかし本システムは高度な真空設計がされており，発生するリーク量は水蒸気透過量に対し無視できるレベルに抑え込んでいるため，他のガス分子が測定値に与える影響は通常無視できる。

4.4 おわりに

高機能フィルム用ガスバリア評価，測定技術は現状では製品開発に対して先行しているとは言い難く，何らかの座標軸が早急に確立されることが業界発展のためにも必須である。

"Simple is Best" 差圧法を進化させたこの装置は，まさにこの格言に沿った技術の流れであると思われる。

当社も微力ながら益々技術促進のため渾身の力で尽くしていく所存です故，よろしくお願い申し上げます。

5 低温吸着・質量分析による高速・超精密評価法

島田敏宏*

5.1 はじめに

　有機ELや有機太陽電池など,有機物にキャリヤを入れて動作させるデバイスが実用化に近づくにつれて,ガスバリヤ性の高い封止材料・封止技術の開発が急務となっている。有機半導体は現在のところ真性半導体として用いられることがほとんどで,電極から分子のHOMO（p型の場合),LUMO（n型の場合）にそれぞれ正孔,電子を注入して動作させる。特に電子を注入するためには仕事関数の低い金属電極（Li, Ca合金など）が使われるため,水蒸気および酸素によって酸化等の電極劣化が起こる。また,有機半導体に電荷を注入すると必然的に有機ラジカルになるため反応性が高く,水蒸気や酸素によって有機半導体の劣化も起こる。有機半導体は分子構造・分子間の位置関係の熱ゆらぎにより内部まで気体を透過してしまうので,無機半導体に比べて大気中での電荷注入による電極と半導体の劣化は深刻である。分子自体に疎水性を持たせたり,HOMO, LUMOのエネルギー準位を低くしたりして水分に対する耐性を持たせる試みも行われているが,pn接合を持つ素子である有機ELや有機太陽電池ではn型半導体のLUMOを下げるのは本質的に難しい。有機半導体デバイスにおいては封止性能が素子の寿命を決めるといっても過言ではなく,素子のフレキシブル化・大面積化が進むに従って,ベースフィルムにいかに高いガスバリヤ性を持たせるかという点がますます重要になっている。特に,開発・生産管理のためにはガスバリヤ性を迅速・高感度に測定する手法が必要である。

　ガスバリヤ性の評価法については,本章で様々な方法について解説がなされている。これらは確立された方式に基づくもので多くが製品化されているが,感度および測定速度をさらに向上したいという要望が産業界に根強く存在する。特に,これから重要になる生産管理において,一試料の測定にかかる時間は生産性に直結するため迅速性は必須である。我々（文献1の著者）は,大気圧においた試料を透過する水分量を機器分析的な手段でできるだけ高感度に定量測定することを目標として装置開発に着手し[1],このたび製品化にこぎつけることができた。本節では,高感度測定のための要件を議論し,実際の装置について紹介した後,本法の特徴について述べる。

5.2 高感度測定のための要件

　有機ELへの応用で必要なガスバリヤ性は10^{-6} g/m^{-2}/day^{-1}の桁であるといわれている。これがどの程度の量であるか見積もってみよう。測定するバリヤフィルムが1.00×10^{-6} g/m^{-2}/day^{-1}の水分透過率を持つと仮定する。試料の測定される部分の直径を40 mmとすると,面積

---

* Toshihiro Shimada　北海道大学　工学研究院　教授

は12.6 cm^{2}となる。このガスバリヤフィルムの水分透過率から見積られる1時間に透過する水分量は

$$1.00 \times 10^{-6} \, [\text{g/m}^{-2}/\text{day}^{-1}] \times \frac{12.6 \, [\text{cm}^2]}{10^4 \, [\text{cm}^2/\text{m}^2]} \times \frac{1}{24 \, [\text{h/day}]} = 5.25 \times 10^{-11} \, [g]$$

これが0.1リットルの容器に入ったとするときの水蒸気分圧は

$$\frac{5.25 \times 10^{-11} \, [g]}{18 \, [g/\text{mol}]} \times \frac{22.4 \, [\text{気圧/リットル} \cdot \text{mol}]}{0.1 \, [\text{リットル}]} = 6.5 \times 10^{-10} \, [\text{気圧}] = 6.5 \times 10^{-5} \, [\text{Pa}]$$

である。

　この分圧は，1気圧（＝10^5 Pa）中のキャリヤガス中の650 pptの水蒸気の存在に対応する。これを1桁以上の精度で測定する必要があるため，pptレベルの超高感度測定が必要であることがわかる。また，バックグラウンドレベルはその1/10程度が必要と考えられるので，6.5×10^{-6} Paとなる。これは高真空における残留水蒸気量である。この領域では装置器壁に吸着した水分の脱離が問題になるが，現在，無機半導体製造や表面科学研究に使われる超高真空技術はこのレベルの水分除去には充分対応している。具体的には，電解研磨などで内壁の表面積を小さくした材料で容器を構築し，到達真空度の高いポンプで排気しながら100～200℃に加熱することによって大気暴露からくる吸着物，特に水分を内壁から除去する。超高真空技術ではこの手順をベーキングと呼んでいる。加熱時間は小さい装置ならば1～数時間で充分であり，装置の熱容量とヒータの性能によって決まる加熱・冷却にかかる時間が律速になる。加熱しなくても性能充分なポンプを用いれば到達は可能であるが，通常の超高真空装置では，100リットル/秒程度の排気速度を持つターボ分子ポンプで排気しても10^{-6} Pa台に到達するには1日程度かかる。これまでの市販装置では，試料をセットしてから水分透過率の測定までに長時間かかるという問題があったが，これが主な原因であると考えられる。

5.3　開発した装置の原理と性能

5.3.1　超高真空における水分子の検出

　前項で述べたように，10^{-6} g/m^{-2}/day^{-1}の水分透過率とは，装置内壁の水分吸着が問題になるレベルである。これを試料交換のたびに迅速に除去するためには超高真空装置で用いられる材料とベーキングなどの手順を用いる必要がある。また，超高真空中では，他に分子がいないため，透過した水分子の定量のための高感度な方法がいろいろ存在する。これらの点から，水分検出に超高真空を導入する利点が充分あると考えられる。

　超高真空中の水分子の定量法について検討しよう。もっとも簡単なのは，電子衝撃によって水分子をエネルギー的に高く励起して電子を脱離させて陽イオンに変え，それを相対的に負の電位

第 1 章　ガスバリア性評価技術

にある電極（コレクター）で集めて電流として検出する電離真空計である。この方法では電流検出はエレクトロニクスの工夫により高感度化が可能であるが、コレクターが電子衝撃されて出る高エネルギー光による光電効果が検出下限を決める。電極形状を針状にして面積を減らし（Bayert-Alpert 型），電極構成を工夫することにより，5×10^{-9}～1×10^{-8} Pa の残留気体を定量することができる。前項で，6.5×10^{-6} Pa という必要感度を導いたので、感度としては充分であることがわかる。

しかし、通常の超高真空装置中で圧倒的に多い残留気体は水素である。水分子のイオン化のときに水蒸気の分圧に相関した水素が発生するが、その検出割合は電離真空計の構造や水蒸気濃度に依存する。したがって、電離真空計を用いた方法では残留気体をすべて一緒にした値しか得られないため正確性が保証できない。また、水蒸気以外の気体を定量したい場合や、複数の気体の透過率を同時に測定したい場合に対応が難しいという問題点がある。

同様に電子衝撃などでイオン化した後，適切な交流（高周波）・直流電圧を印加した四重極フィルター（四本の金属棒）を通すことによりイオンの質量を選別することができる。これは，交流＋直流電場によって決まるある質量のイオンのみが四重極に平行に運動することができ，他のイオンは四重極領域から出てしまうという作用による。これを四重極質量分析計（quadrupole mass analyzer, Q-mass）と呼び，四重極を通過したイオンを電流または電子増倍管で測定することができる。電子増倍管は、加速した荷電粒子の衝撃により多数の電子を放出する特殊な物質で曲がりくねった管または多数の電極を作ったもので、入り口と出口に数 kV の電位差を与えることにより荷電粒子による電流を 1 万～1 億倍に増倍することができる。細いキャピラリーの集合体に同様の機能を持たせたマイクロチャンネルプレート（MCP）も用いられる。電子増倍管の使用により、四重極質量分析計の感度を飛躍的に高くすることができ、1～100 amu（原子量単位）の原子・分子に対して 10^{-12} Pa 相当の分圧を測定できるものも市販されている。質量分析計には四重極方式の他にも静電偏向型、磁場偏向型など様々なものが知られているが、四重極方式を用いるとコンパクトにできる利点がある。四重極質量分析計を用いることにより任意の気体を測定できるので、水分透過率だけでなく、酸素透過率、二酸化炭素透過率などの測定も可能になるはずである。

5.3.2　大気圧下の試料から透過した水蒸気を超高真空中の検出器に導く方法

これまでの議論で、透過した水分の高感度測定において超高真空技術を使うことができれば、バックグラウンド水分除去および感度向上に革新的な効果がもたらされることは明らかである。そのためには、大気圧下の試料から透過した水蒸気を超高真空中の検出器に導く必要がある。様々な方法が考えられるが、定量性と不純物が混入する余地を減らすため、我々は冷却トラップを用いる方法を考案した。これは、大気圧においた試料に接しているキャリヤガスから、透過し

149

た水分を取り出すために水蒸気のみを冷却により凝結させ，大気圧のキャリヤガスを高真空領域まで排気する。それからトラップを昇温して脱離した水蒸気を超高真空においた質量分析計に導いて測定するものである。この方法がうまくいくかどうかは，キャリヤガスが凝結しないで水分のほぼすべてを凝結させることができるかという点にかかっている。これは，キャリヤガスの選定やトラップ温度の設定，さらに他の気体の透過率を測定する際の感度の予想などに密接にかかわっている。

5.3.3 冷却トラップの温度―水分，酸素，二酸化炭素に対する検討

冷却トラップの条件としては，水分は完全に吸着するが，キャリヤガスは吸着しない温度に設定し，キャリヤガスを迅速に高真空領域まで排気することができなければならない。また，昇温によって水分を迅速に脱離させる必要があるため，化学吸着ではなく物理吸着を行わせる必要がある。さらに，あまり高度に細孔化した多孔質（モレキュラーシーブなど）では排気時間・脱離時間が長くなってしまう懸念がある。適切な構造を持つトラップが必要である。

適切なトラップ温度を決めるための考察を行う。透過した水分（他の気体でもよい：その場合は以下の「水」を読み替える）がたまる槽と配管の容積をVリットル，トラップの温度における水蒸気圧をP Pa，トラップすべき水分量（トラップ前の蒸気圧として）P_0 Paとすると，キャリヤガスを高真空まで排気するのに必要な時間tの間に失われる水分の割合rは，

$$r = P A t V^{-1} P_0^{-1} \tag{1}$$

$P_0 = 1 \times 10^{-5}$ Pa, $V = 1$ リットル, $A = 10$ リットル/秒, $t = 300$ s とすると

$$r = P \times 10 \times 300 / 0.1 / 10^{-5} = P \times 3 \times 10^8$$

10%は失われても仕方がないとして$r = 0.1$とすると，必要なトラップ温度の上限は$P = 3 \times 10^{-11}$ Paに対応するものとなる。

(1)を変形して得られる式：

$$P_0 = P A t V^{-1} r^{-1} \tag{1'}$$

からわかるように，検出下限はtを小さくすることにより小さくできる。これは，トラップ以外の装置の内壁の表面積を小さくして排気を早くし，さらにポンプ性能と真空配管のコンダクタンスを上げることによって実現できる。

具体的に水の蒸気圧の温度依存性を見てみよう。非常に低い蒸気圧のデータは存在しないので，よく用いられている外挿式を用いる。

第1章　ガスバリア性評価技術

ここで，P は水蒸気分圧，T は温度，その他はフィッティングで定まるパラメータである。よく用いられる Antoine 式：

$$\log_{10} P = A - B/(T + C) \tag{2}$$

を用いた文献データ[2~4]へのフィッティングが NIST のデータベース[5]にあるので，これを図1にプロットした。水の他に，透過率測定の需要がある酸素および二酸化炭素についても示している。

　水分について，液体窒素温度（77 K）での蒸気圧は無視できるほど小さいことがわかる。液体窒素温度のトラップを用いればキャリヤガスを排気する間に水分はほとんど排気されず，水分のみを超高真空の検出器に受け渡すことが可能であることが明らかになった。キャリヤガスの条件としては，水分の蒸気圧が無視できる温度において凝結せず排気できることである。水蒸気圧は 135 K で 10^{-11} Pa 程度になることが図1からわかるので，トラップ温度は最高でこの程度まで上げることができ，その温度で液化しない窒素やアルゴンはキャリヤガスとして用いることができる。以下で述べる実験においてはトラップ温度を 77 K に設定し，キャリヤガスとしてはヘリウムを用いた。

　図1にあわせて示している酸素，二酸化炭素の透過率測定についても検討しよう。キャリヤガスとしてはヘリウムを用いることにして，トラップ温度を冷凍機で比較的容易に実現できる 20 K にする。図1から，この温度における蒸気圧は酸素，二酸化炭素の両方とも $P \leq 10^{-12}$ Pa であるから，上記と同様の考察により 10^{-6} g/m^2/day オーダーの検出下限が得られる。トラップ

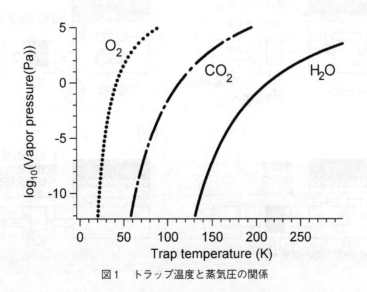

図1　トラップ温度と蒸気圧の関係

温度が20 Kより上がった場合を考えよう。二酸化炭素については30 Kのトラップ温度でも変化はないが、酸素についてはトラップ温度が30 Kになると蒸気圧が10^{-5} Pa台まで、40 Kでは1 Pa近くまで上昇する。これは検出下限に大きな影響を与えるので注意が必要である。

5.3.4 測定手順

測定手順を図2に示す。(i) 試料フィルムを1気圧におかれた室（イ）と（ロ）を隔てるように取り付ける。取り付ける前に室（イ）、（ロ）および試料フィルムは吸着水分を除去するために排気される。室（イ）は水蒸気を含み、湿度と温度をコントロールしたキャリヤガスで満たし、室（ロ）はリザーバー（ハ）との間で水分を含まないキャリヤガスを循環させる。(ii) 所定の時間後にリザーバー（ハ）と室（ロ）をバルブで分離し、リザーバー（ハ）と低温トラップ（ニ）との間のバルブを開ける。強制循環により試料フィルムを透過した水分は迅速にトラップに吸着される。(iii) 低温トラップ（ニ）を低温に保ったままターボ分子ポンプとの間のバルブを開いてキャリヤガスを排気する。前述の考察により、トラップされた水分はほとんどがトラップに吸着されたままであることがわかる。(iv) 低温トラップ（ニ）と四重極質量分析計を備えた超高真空槽（ホ）の間のバルブを開く。超高真空槽（ホ）は事前に超高真空に排気しておく。トラップ温度を急速に上げて水分子を気化させ、質量分析計で定量する。超高真空槽（ホ）は連続的に排気しながら測定し、結果を積分して水分量を求めることもできるが、ハイバリヤ膜の測定の場合に透過する水分量が少ないときは槽（ホ）を排気するポンプをバルブで切り離して水分を溜め込む

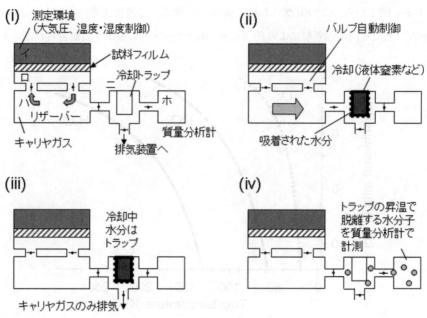

図2　新測定法の原理

ことにより,より高感度な測定を行うことができる。(iv)の段階と並行してリザーバー(ハ)を充分排気し,水分を含まないキャリヤガスで満たすことにより同一試料の繰り返し測定や,別試料の測定を迅速に行うことができる。試料フィルムのシールが万一不完全であったとすると,外気からの水分などの浸入が問題になる。この問題は,試料室(イ),(ロ)全体を別の槽の中に入れ,全体を排気するか水分を含まないキャリヤガスを満たすことで避けることができる。

開発した装置では,超高真空に対応したバルブ20個余りを自動制御してこの動作を実現している。

5.3.5 実験結果

実際のガスバリヤ膜における測定の詳細は既報[1]を参照していただきたい。ここでは,市販のOHPフィルムを用いた測定データにより,解析手順を説明する。測定を始める前に試料は24時間真空環境においた。試料フィルムと試料室(イ),(ロ)は特殊なエラストマーのガスケットによりシールした。実験に際しては,上記5.3.4の(i)の水分透過時間を測定の変数として変化させた。(ii)(iii)(iv)の過程にはそれぞれ10〜60分程度の時間をかけている。この時間は装置パラメータであり,最適値に設定している。

トラップ温度を上昇させながら,水分子に対応した質量数18の強度をトラップの温度の関数として示したのが図3である。キャリヤガスのみでは信号がまったく観測されない。(a)は循環時間2分,(b)は37分の結果であり,どちらも明瞭なピークが観察されている。透過率が高いので(b)では検出器が飽和しつつある。

ピークを積分することにより,水分透過量が得られることを示そう。

トラップからの水分子の放出率を $Q(t)$ [g/s],質量分析計で測定される水蒸気分圧を $P(t)$ [Pa],測定室(図2(ホ))の体積を V [リットル],測定室を排気するポンプの実効排気速度を S [リットル/s] とすると,

$$VdP/dt = Q(t) - P(t)S \tag{3}$$

変形して

$$Q(t) = SP(t) + V(dP/dt) \tag{4}$$

両辺 t で積分して

$$\int_{t_1}^{t_2} Q(t)dt = S\int_{t_1}^{t_2} P(t)dt + V\int_{t_1}^{t_2} \frac{dp}{dt}dt = S\int_{t_1}^{t_2} P(t)dt + V[P(t_2) - P(t_1)] \tag{5}$$

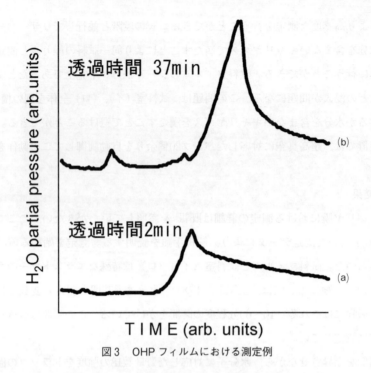

図3　OHPフィルムにおける測定例

ただし，t_1，t_2はピークがはじまるときと終わるときの時刻とする。
$P(t_1) = P(t_2)$ならば，第2項はゼロで，
厳密に

$$\int_{t_1}^{t_2} Q(t)\,dt = S\int_{t_1}^{t_2} P(t)\,dt \tag{6}$$

が成り立つ。水分放出量は左辺であるから，Sがわかっていれば，質量分析計の出力$P(t)$の時間積分とSをかけることにより，求めることができる。Sは水分透過率のわかった試料を用いて求めることも，装置寸法から計算で求めることもできる。Sが装置寸法から求まれば，この方法は装置自身が測定基準となり，較正用の標準試料を要しないことになる。

5.4　まとめ

本節では，封止の必要性について説明し，我々が最近開発した新しい評価法の原理と測定データの解析法について示した。冷却トラップと質量分析を用いた方法は，トラップ温度を選べば酸素や二酸化炭素についても高感度測定を行えることが予想される。この方法が，原理的には標準試料を要しない，高感度・迅速測定が可能な方法であることをおわかりいただけたものと思う。

第 1 章　ガスバリア性評価技術

文　　献

1) T. Shimada, Y. Takahashi, T. Kanno, *Appl. Phys. Express*, **3**, 021701 (2010)
2) D. R. Stull, *Ind. Eng. Chem.*, **39**, 517 (1947)
3) G. T. Brower, G. Thodos, *J. Chem. Eng. Data*, **13**, 262 (1968)
4) W. F. Giauque, C. J. Egan, *J. Chem. Phys.*, **5**, 45 (1937)
5) http://srdata.nist.gov/gateway/

6 ガスクロマトグラフ法によるガス・水蒸気・蒸気・液体透過性測定法

辻井弘次[*]

6.1 はじめに

1950年頃，ガスクロマトグラフが本格的に使用されて以来，数十の検出器が発表されている。最近の一般的に使用される検出器は次の通りである。

① TCD（Thermal Conductivity Detector）・熱伝導度型検出器：熱伝導度の差を検出するため，キャリアガスの熱伝導度と差が大きいほど感度が大きい。

② FID（Flame Ionization Detector）・水素炎イオン化検出器：炭化水素等の炭素含有有機化合物に高感度を示す。

③ ECD（Electron Capture Detector）・電子捕獲型検出器：塩素等のハロゲン化合物や酸素化合物等に超高感度を示す。

④ FPD（Flame Photometric Detector）・炎光光度型検出器：P，S 有機化合物に選択的・高感度を示し，燃焼時の光波長を増幅する。

⑤ FTD（Flame Thermionic Detector）・熱イオン化検出器：N，P 有機化合物に選択的・高感度を示す。

⑥ MASS（Mass Spectrometer）・質量分析計：分子の質量スペクトルを測定する。

これらの検出器とガス透過度測定装置を組合すことにより，ガスクロマトグラフの威力を発揮することができる。しかし，一般的には，① TCD，② FID の検出器が多く使用されている。これは，取扱いが容易で，安定性に優れている所以である。

ここでは，ガスクロマトグラフ法を用いた全般的な方法と測定例について説明する。

6.2 関連規格

ガス透過度測定については，図1のように定められている。

```
JIS K7126    ┌ 第1部（差圧法）  ┌ 圧力計法
(ISO15105)   │                 └ ガスクロマトグラフ法
             └ 第2部（等圧法）  ┌ 電解センサ法
                               └ ガスクロマトグラフ法
JIS K7129    A法…感湿センサ法
             B法…赤外線センサ法
             C法…ガスクロマトグラフ法
```

図1　ガス透過度測定の規格

---

[*] Hirotsugu Tsujii　ジーティーアールテック㈱　企画開発部　部長

第1章　ガスバリア性評価技術

6.3　測定方法
6.3.1　差圧式ガスクロマトグラフ法

差圧法は供給側を加圧または大気圧とし、フィルムの透過側を真空引きにする方法である。

一般的にDRY状態、片面加湿下におけるガス、水蒸気、VOC等の液体の透過測定が可能で、フィルムやシートの測定に使用されている。

(1)　ガスクロマトグラフ法の特長

ガスクロマトグラフ法の特長は次の通りである。

① ガスクロマトグラフ法は、成分をカラムにて分離し定性・定量するため、単一ガスのみならず、混合ガスや水蒸気の透過測定に使用されている。

② 水蒸気の透過はテストガスで加湿を行い、任意の相対湿度状態を得ることが可能で、加湿下のテストガスの透過と水蒸気の透過を同時に測定することができる。

③ 特別付属のPVセル（液体測定用）やTセル（VOC蒸気発生用）を用いるとガソリン、アルコール等VOCの液体や蒸気の透過も測定できる。もちろん、成分別に分離し定性・定量することができる。

(2)　差圧式外観構成と流路図

次に本装置の差圧式外観構成（写真1）と流路図（図2）を示す。

(3)　GTR-1000XA仕様

次に本装置の仕様例を示す。

型　　　　式：GTR-1000XA（セル1個）

検　出　方　法：TCD付ガスクロマトグラフによる検量線方式

写真1　差圧式外観構成

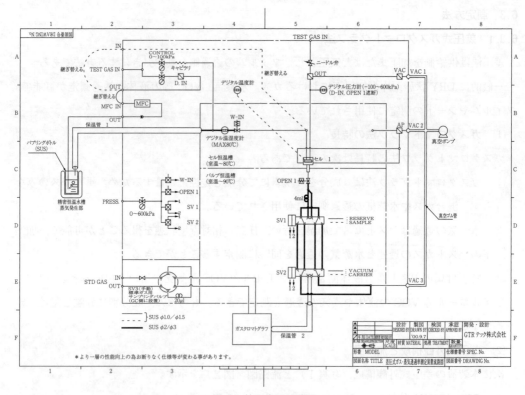

図2　差圧式の流路図

試験対象ガス及び蒸気：O_2, N_2, CO_2 等の単一または混合ガス及び，調湿水蒸気

試験ガスの供給：調圧弁，デジタル圧力計（0～600 kPa）による

試験蒸気の供給と湿度測定：精密恒温水槽に設置したバブリングボトル（SUS 製）の試験液への O_2 等のバブリングによる

　　　　湿度を温湿度計（0～98%RH）によりデジタル表示

セル恒温槽：10～100℃，デジタル設定，表示精度±0.2℃（高温仕様150℃）

　　　　室温+10℃以下は冷凍機を併用

バブル恒温槽：室温～100℃，デジタル設定，表示精度±0.5℃

駆動精度：手動及び CPU による自動方式

透過セル

　個　　数：1

　透過面積：50.24 cm^2（80 mm φ）

　圧　　力：600 kPa

　温　　度：温度センサ（Pt）によるデジタル表示

第1章 ガスバリア性評価技術

保護流路：ガード流路の減圧排気により，外気遮断を行う。

試　験　片

　　大　き　さ：100 mm φ

　　厚　　　み：Max 1 mm（オプション：1～2 mm，2～3 mm）

測　定　範　囲

　　透　過　率：10^{-6}～10^{-14} cc・cm/cm^2・sec・cmHg（TCD）

　　透　湿　度：0.0005～50 g/m^2・24 hr

データ処理装置：パソコンによる自動解析

　　　　　　　　透過率，透過度計算ソフト付

安　全　装　置：試験膜破損の際の安全対策として，試験ガスの閉止及び真空ラインの閉止を行う

使　用　温　度：室温

電　　　　　源：AC 100 V　50/60 Hz

消　費　電　力：1.5 KW（システム一式としては 7 kW）

寸　　　　　法：本体 550（幅）×450（奥行）×760（高さ）mm

(4) **測定例**

図 3，4，表 1，2 に本装置による測定例を示す。測定例として，① H_2 や He のガス透過測定，

成分	圧力差 Δp cmHg	透過量　μl 測定1	測定2	測定3	透過係数 cc・cm/cm^2・sec・cmHg
O_2	22.6	3.902e+000	7.829e+000	1.560e+001	5.963e-010
N_2	90.4	5.389e+000	1.080e+001	2.160e+001	2.060e-010

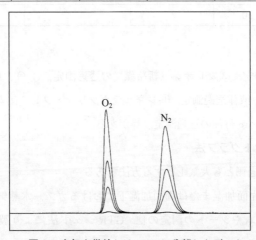

図3　空気を供給し O_2，N_2 に分離したデータ

最新ガスバリア薄膜技術

成分	透過量 mg 測定1	透湿度 g/m²・24 hr・atm
H_2O	4.661e-002	2.712+001

測定温度：85℃・85%RH，測定時間：10.00 min

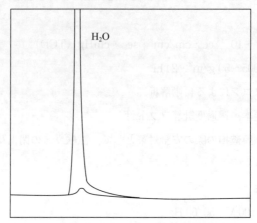

図4　85℃・85%RHにおける透湿度測定データ

表1　市販の接着剤を回化し，O_2, H_2O の透過量比較表

接着剤		40℃・90%RH			単位
	O_2	GC	高感度O_2計	40℃・0%RH・GC	
No. 1	O_2	3.1	1.0	2.6	cc/m²・24 hr・atm
	H_2O	1.64			g/m²・24 hr
No. 2	O_2	$1.1×10^{+1}$	$1.2×10^{+1}$	4.5	cc/m²・24 hr・atm
	H_2O	3.21			g/m²・24 hr
No. 3	O_2	$4.4×10^{+1}$	$3.4×10^{+1}$	$5.3×10^{+1}$	cc/m²・24 hr・atm
	H_2O	$7.4×10^{-1}$			g/m²・24 hr

②CH_4，C_3H_8等の透過測定，③フレオン（新冷媒）の透過測定，④O_2，CO_2の同時測定，⑤アルコール，CE-10の蒸気・液体透過測定，⑥レギュラガソリン・プレミアムガソリンの透過測定，⑦ディーゼルの透過測定，⑧灯油の透過測定，等がある。

6.3.2　等圧式ガスクロマトグラフ法

等圧法は，供給側，透過側とも大気圧とする方法である。

一般的にDRY状態，片面加湿または両面加湿下におけるガス，水蒸気，VOC等の液体の透過測定が可能で，フィルムやシートの測定の他，GTRシェド法により製品形状におけるガス，蒸気，液体の透過が測定できる。

第1章　ガスバリア性評価技術

表2　フィルムのエタノール透過量測定表

サンプル	CE-10	CE-50	CE-70	CE-90	CE-100
エタノール（v%）	10%	50%	70%	90%	100%
透過量（mg）	4.5×10^{-4}	6.0×10^{-3}	4.2×10^{-3}	4.7×10^{-3}	4.4×10^{-3}
100%換算（mg）	4.5×10^{-3}	1.2×10^{-2}	6.0×10^{-3}	5.2×10^{-3}	4.4×10^{-3}
透過度（g/m²・24h・atm）	4.5	12	6.0	5.2	4.4

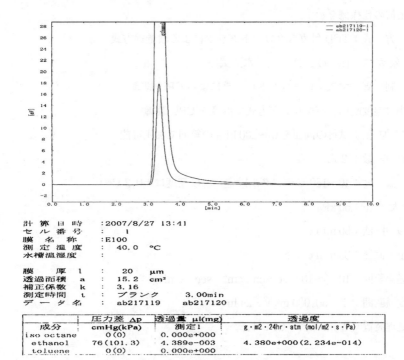

(1)　ガスクロマトグラフ法の特長

ガスクロマトグラフ法の特長は次の通りである。

①　ガスクロマトグラフ法は，成分をカラムにて分離し定性・定量するため，単一ガスのみならず，混合ガスや水蒸気の透過測定に使用されている。

②　水蒸気の透過はテストガスで，バブリングを行い，任意の相対湿度状態を得ることが可能で，加湿下のテストガスの透過と，水蒸気の透過を同時に測定することができる。

③　本法では，両面加湿におけるガスの透過を測定することができる。

④　特別付属のPVセル（液体測定用）を用いるとガソリン，アルコール等VOCの液体や蒸気の透過も測定することができる。もちろん，混合液は，成分別に分離し定性・定量するこ

とができる。

⑤ GTRシェド法により製品形状の樹脂パイプやホースにおけるガス・水蒸気の透過やPETボトルのO_2, N_2, CO_2の透過（ボトルの内→外, ボトルの外→内）の他, リチウムイオン電池の電解液等の透過を測定することができる。

(2) 等圧式の外観構成

写真2に本装置の等圧式外観構成を示す。

(3) GTR-2000XF（全自動型）仕様

次に本装置の仕様例を示す。

検　出　方　式：TCD付ガスクロマトグラフによる検量線方式

測定対象ガス：H_2, O_2, N_2, 及び水蒸気

流　量　制　御：マスフローコントローラによるCPU制御

ガスの相対湿度制御：バブリング方式で湿度をCPU制御

試　料　の　加　圧：試料の両面を0～200 kPaの範囲で加圧可能

透　過　セ　ル　数：2式

セ　ル　温　度：40～150℃デジタル設定　温度精度は±0.2℃

両面最大差圧：50 kPa

試　料　の　寸　法：50 mm φ

透過面積の直径：35 mm φ以下

ガス透過率範囲：10^{-12}～10^{-6} cc・cm/cm^2・sec・cmHg

透　湿　度　範　囲：1～50,000 g/m^2・24 hr

データ処理装置：Windows7　CPU制御

写真2　等圧式外観構成（全自動）

第1章 ガスバリア性評価技術

制 御 ソ フ ト：システム制御ソフト及び透過率，透過度計算ソフト付
安 全 装 置：H_2ガス漏洩モニターを装備し異常時にはシステムを遮断する機能付
電　　　　源：AC 100 V　50/60 Hz　70 A

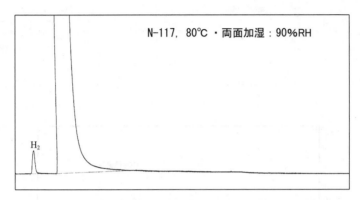

PKNO	NAME	TIME	MARK	CONC	AREA	HEIGHT
1	H_2	0.58		1.681 cc	10512.82	1901.5
2	H_2O	1.36		0.617 mg	1684968.71	90639.6
TOTAL				2.298	1695481.52	92541.1

図5　N-117，80℃・90%RH の H_2 測定クロマトグラム

表3　等圧式・DRY，片面90%RH，両面90%RH 加湿比較表

等圧式・DRY，片面90%RH，両面90%RH
条件　膜名：N-112・N-117，ガス種：H_2，セル温度：80℃

	サンプル（膜圧 μm）	透過度 cc/m^2・24 hr・atm	透過係数 cc・cm・cm^2・sec・cmHg
DRY 0%RH	N-112(51)	$5.2 \times 10^{+4}$	4.1×10^{-9}
	N-117(178)	$1.3 \times 10^{+4}$	3.7×10^{-9}
片面加湿 90%RH	N-112(51)	$1.3 \times 10^{+5}$	1.0×10^{-8}
	N-117(178)	$3.8 \times 10^{+4}$	1.0×10^{-8}
両面加湿 90%RH	N-112(51)	$1.2 \times 10^{+5}$	9.6×10^{-9}
	N-117(178)	$3.7 \times 10^{+4}$	9.8×10^{-9}

等圧式・DRY，H_2・N-115，セル温度：−20℃，−25℃の透過度・透過係数

フロー式・DRY H_2・N-115	透過度 cm^3/m^2・24 hr・atm	透過係数 cm^3・cm/cm^2・sec・cmHg
−20℃	$4.2 \times 10^{+2}$	7.3×10^{-11}
−25℃	$3.5 \times 10^{+2}$	6.1×10^{-11}

(4) 測定例

図5，表3に本装置による測定例を示す。

(5) GTRシェド法測定例

図6～10，表4にGTRシェド法による測定例を示す。

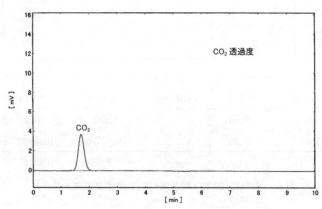

図6　PETボトルのCO_2透過測定データ

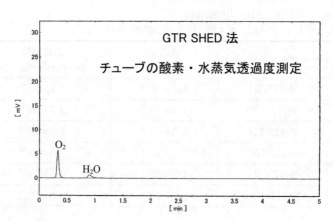

PKNO	NAME	TIME	MARK	CONC	AREA	HEIGHT
1	O_2	0.34		0.000	15038.54	5850.43
2	H_2O	0.91		0.002	3848.27	681.81
Total				0.002	18886.80	6532.24

図7　恒温恒湿器に入れ，O_2，H_2Oの透過測定データ

第1章 ガスバリア性評価技術

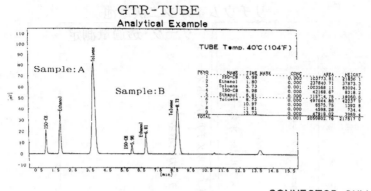

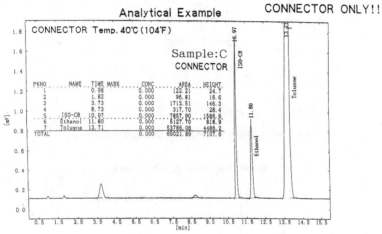

図8 樹脂チューブの透過測定データ

表4 樹脂チューブの透過測定表

No.	種類 ガス種	PA 6/8 φ75 cm		備考：圧力
		透過量 μL	透過度 $cm^3/m^2 \cdot 24H \cdot atm$	
1	O_2	1.93	1.89×10^3	200 kPa
2	H_2	7.43	7.27×10^3	200 kPa
3	He	5.88	5.76×10^3	200 kPa
4	CH_4	1.82	1.78×10^3	200 kPa
5	CO_2	9.67	9.47×10^3	200 kPa
6	C_2H_4	3.53	3.46×10^3	200 kPa
7	$n-C_3H_8$	4.86	4.76×10^3	200 kPa
8	$n-C_4H_{10}$	7.03	6.88×10^3	200 kPa
9	R-152a	4.66	4.56×10^3	200 kPa
10	DME	46.6	4.56×10^4	200 kPa

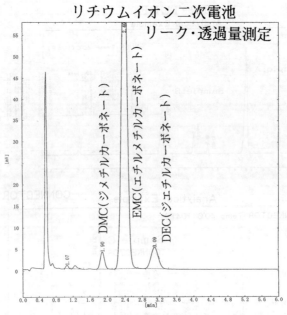

図9　PHS電池からの透過した電解液成分のデータ

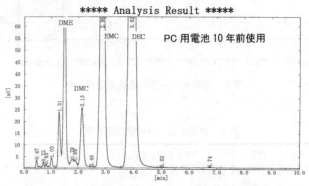

図10　パソコンに使用したLiイオン電池の透過成分データ

6.4　おわりに

　以上，ガスクロマトグラフ法によるガス・水蒸気・蒸気・液体の透過量の測定は，ガスクロマトグラフの汎用性を最大限に生かし，1台の装置で多種多様な透過が測定できるという特長を持っており，今後さらなる用途の拡大が期待される。

第2章 エレクトロニクス用プラスチックフィルム

1 PENフィルム

吉田哲男[*]

1.1 はじめに

　帝人デュポンフィルム㈱は，テイジン®テトロン®フィルム，テオネックス®PENフィルム，マイラー™フィルム，メリネックス®フィルムのブランドを有している。先端技術産業のパートナーとして，市場ニーズと期待に応えるべく革新的・創造的な技術と商品の開発を進めている。

　ポリエチレンナフタレート（PEN）は，ポリエチレン2,6-ナフタレートのことで，2,6ナフタレンジカルボン酸とエチレングリコールを重縮合した結晶性ポリマーである（図1）。帝人がPENを統合ブランド化し"Teonex®（テオネックス®）"として世界で初めて商業生産した。

　テオネックス®フィルムは縦方向と横方向に無延伸シートが逐次に延伸されることで得られる。二軸延伸配向および部分結晶化によって電気・電子材料に必要な特性を兼ね備え，PETフィルムのもつ数々の特徴を凌駕するバランスの取れた高機能フィルムである。

　テオネックス®フィルムは，表1に示す通り，他の高機能フィルムに比肩する特性（高強度，耐熱性，耐加水分解性，寸法安定性，防湿度，等）を有しながらコストパフォーマンスに優れ，同時に使いやすさを兼ね備えたバランスの取れた高機能フィルムとして，さまざまな用途に使用されている。たとえば，自動車やデータストレージテープ，フィルムコンデンサー，モーター，トランス，フレキシブル回路（Flexible Printed Circuit）などの電気電子材料，太陽電池や燃料電池などエネルギー用途，有機ELに代表される次世代ディスプレイなど光学関連用途にも幅広く使用されている。昨今ロール・トゥ・ロールプロセスによるプリンテッドエレクトロニクスが注目を集めており，その基材として種々プラスチックシートが検討されている。該用途に求めら

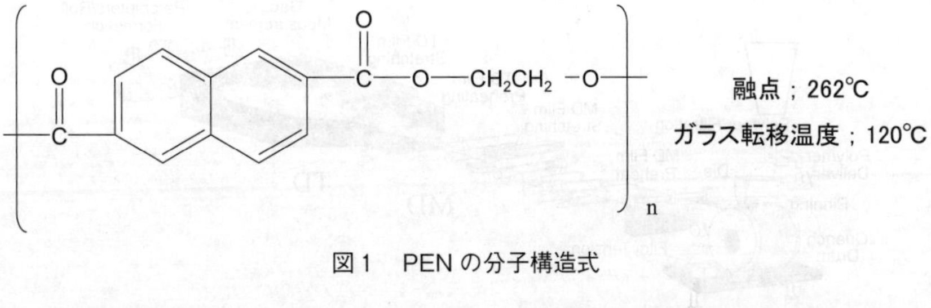

融点；262℃
ガラス転移温度；120℃

図1　PENの分子構造式

---

　[*]　Tetsuo Yoshida　帝人デュポンフィルム㈱　フィルム技術研究所　フィルム研究室　室長

表1　競合高機能フィルムの特性比較

特　性	試験方法	単　位	PEN	PI	PEI	PET	PPS
破断強度	JIS C-2318に準拠	MPa	280	280	110	230	220
破断伸度	JIS C-2318に準拠	%	90	80	80	120	60
連続使用温度（機械的）	UL-746B	℃	160	200	170	105	180
連続使用温度（電気的）	UL-746B	℃	180	240	180	105	180
ガラス転移点　フィルム	DMAによるTDFJ法	℃	155	—	212	110	90
融点（溶融点）	DSC	℃	269	—	—	258	285
絶縁破壊電圧	JIS C-2318	kv/mm	300	280	140	280	320
誘電率（1KHz）	JIS C-2318	—	2.9	3.3	3.2	3.1	2.8
吸水率	TDFJ法	%	0.3	1.3	0.3	0.4	0.02
密度	JIS C-2151	g/cm^3	1.36	1.43	1.27	1.40	1.35
難燃性	UL94		VTM-2	V-0	V-0	VTM-2	VTM-0

れる特性としてきわめて高い表面平滑性，透明性，およびフォトリソグラフィーのような150℃を超える温度での高い寸法安定性が要求されている。

ここでは，テオネックス®の特性を成型プロセスで形成される構造や設計思想から説明し，最後に今後の開発動向と課題について報告する。

1.2　ポリエステルフィルムの製造工程と構造発現

テオネックス®は，2,6ナフタレンジカルボン酸（NDC）とエチレングリコール（EG）を重縮合した結晶性ポリマーであるポリエチレン2,6-ナフタレートを二軸延伸して製造されるフィルムである。図2はポリエステルフィルムの一般的な溶融押出-二軸延伸のプロセスである。口金からシート状に溶融押出された樹脂は球晶の発生を抑制するために直ちに急冷され，その後再加熱

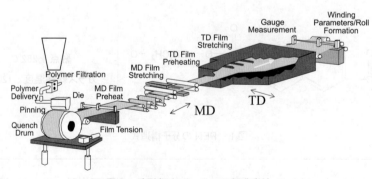

図2　溶融押出フィルムの製造方法

第2章 エレクトロニクス用プラスチックフィルム

して一方向に延伸され,さらに直角方向に延伸された後に定長で熱処理をされてから巻き取られる。このプロセス中においてフィルムを形成する高分子の構造,特に分子鎖の配向と結晶状態を制御し,その程度に応じてフィルムとしたときのさまざまな物性を制御することが可能である。一例を挙げると,二軸延伸による分子鎖の配向を制御することにより,フィルムの水蒸気透過率などを向上させることが可能である。

1.3 基材用 PEN フィルム
1.3.1 透明性・表面性設計

通常のテオネックス®は加工工程でのハンドリング性を容易にするためにフィルム中に粒子を入れてフィルム表面に突起を形成させるが,このような粒子は光を散乱させる因子となり透明性は損なわれてしまうことになる。また,表面に突起があるとバリア膜やデバイス素子の加工時にそこが欠陥になってしまう。ハンドリング性と透明性,表面平坦性を両立させるための方策は種々考えられるが,最も簡便な方法としては少なくとも片面にコーティングなどで突起を形成させるやり方がある。このコーティング層には,ハンドリング性を向上させるための粒子を添加する以外にも,種々の機能膜や色素,インクなどをフィルム上に積層・印刷する場合に,各々の膜に応じた接着性を向上させる機能をもたせることや,帯電防止性能などを同時に付与することも可能である。このようなコーティング技術との組み合わせにより,従来のテオネックス®よりも透明性に優れ,かつ表面平滑性にも優れた高透明テオネックス®(Q65)を開発した。このようにして得られたフィルムの光線透過率を通常のテオネックス®(Q51)と比較してみたのが図3であるが,散乱因子を極力排除したため,これまで写真用(Q62)に用いられてきたものよりもさらに透明性を向上することに成功した。図4は表面形状をレーザー光干渉法により測定したものであるが,平均粗さRaは0.6 nm程度と非常に平坦であることがわかる。また,コーティングによって形成した易滑層中の粒子は,ナノレベルでコントロールされた表面を形成していることも確認できる。

さらに,例えばフレキシブルディスプレイ用フィルムには表面の平坦性に加え,ディスプレイを駆動するTFTに代表される回路形成プロセスにて,傷つきにくさや,高温度プロセスでのフィルム内部からの析出物低減も求められている。そこで,より平坦でかつ傷つきにくいフィルムの開発をオフラインコーティングにより実現した(表2)。プレナライズPENフィルムは3Hの鉛筆硬度を有しており,150℃以上の高温度プロセスでもフィルム内部からの析出物による表面性変化は見られない(図5)。

1.3.2 一般物性設計

水蒸気を含むガスバリア性,耐薬品性,耐衝撃性,寸法安定性,機械強度などは,高分子構造

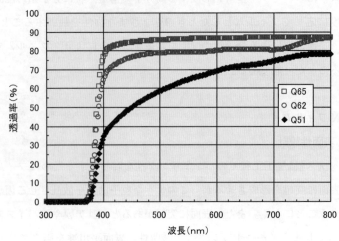

図3　各種テオネックス®の分光光線透過率

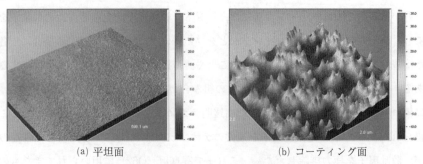

(a) 平坦面　　　　　　　　　　　(b) コーティング面

図4　高透明テオネックス®の表面粗さ

と密接な関係にある。図6は分子配向を制御したときのフィルムのヤング率と熱膨張係数，湿度膨張係数との関係をプロットしたものである。一般に配向した高分子鎖では，分子鎖が伸びきっている場合，熱振動により分子鎖軸に垂直な方向では膨張するが，分子鎖方向では収縮する。分子鎖の配向状態と結晶化度を成型工程で制御することにより，広い範囲にわたって膨張係数の制御が可能となる。さらに熱収縮に関しては，上記構造制御の一方法であるが，延伸-熱処理したフィルムを再度熱処理することできわめて低いレベルにまで低減することが可能である。図7はヒートサイクル過程でのフィルム面内方向の伸縮挙動であるが，二軸延伸と再熱処理の組み合わせにより伸縮がほとんどないレベルを達成することができている。

1.3.3　熱工程での取り扱い

テオネックス®フィルムは，上述の通り二軸延伸配向フィルムの特徴として，熱工程において寸法変化が起こる。この寸法変化を低減させる目的でフィルムを再度熱処理することできわめて

第2章　エレクトロニクス用プラスチックフィルム

表2　プレナライズフィルムの一般物性

項目	単位	PEN（Q65FA）	プレナライズ PEN	試験方法
Haze	%	0.6	0.8	JIS K7361
全光線透過率	%	87	90	JIS K7361
表面粗さ（Ra）	nm	0.6	0.4	TDFJ法（WYKO）
耐SCR性		傷多数	無傷	TDFJ法（スチールウール）
鉛筆硬度		HB	3H	JIS K5400
耐溶剤性				ASTM D5402-6
HCl（1%）		Good	Good	
NaOH（1%）		Good	Good	
エタノール		Good	Good	
酢酸エチル		Good	Good	
MEK		Good	Good	

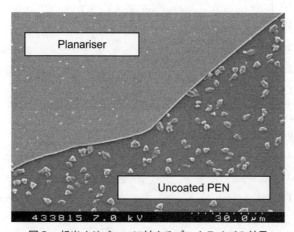

図5　析出オリゴマーに対するプレナライズの効果

低いレベルにまで低減することが可能であるが，これはフィルムに対して実質的にテンション負荷がない状態での挙動である。

実際，ロール・トゥ・ロールの工程では，フィルムはテンションがある程度負荷のかかった状態で取り扱われる。このような工程では，フィルム原反の寸法変化を極限まで低減したとしても，熱工程＋テンション負荷がかかる後工程において，再度フィルムが延伸されたような状態となり，その後加工を経たフィルムは再び寸法変化が増大したり，フィルムに積層される材料とのマッチングが悪い場合にはカールを発生したりするなど，種々不具合が発生する場合が多い。

このような問題に対しては，テンション制御を最適化することが最良であるが，後工程条件を考慮してフィルムの寸法変化を予め調整することで解決される可能性もある。後加工工程の温度

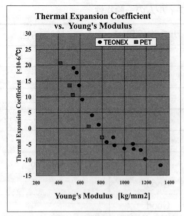
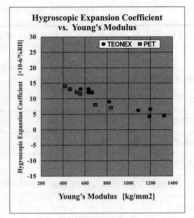

(a) 熱膨張係数　　　　　　　　　(b) 湿度膨張係数

図6　フィルムのヤング率と膨張率との関係

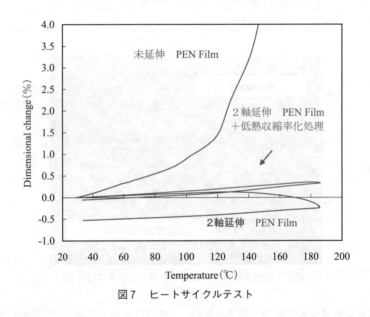

図7　ヒートサイクルテスト

下におけるフィルムの寸法変化と加工工程のテンション条件とをバランスさせ，後加工工程を経たフィルムの寸法変化を総合的にゼロになるよう，予めフィルムの寸法変化を配向や結晶サイズ量調整によりコントロールさせておく方法である。

一例として図8を参照していただきたい。種々荷重下において温度を上昇させた際のフィルム寸法変化を評価した結果である。測定したフィルムは，配向と結晶量をコントロールした二軸延伸フィルムであるが，同じフィルムであっても荷重が大きすぎる条件ではフィルムの伸長変化が大きく，一方，小さすぎる条件では収縮変化が大きく，共に寸法変化が大きいことがわかる。この条件では，$6N/mm^2$ の荷重において，最も寸法変化が小さくなるという結果が得られた。つ

第2章　エレクトロニクス用プラスチックフィルム

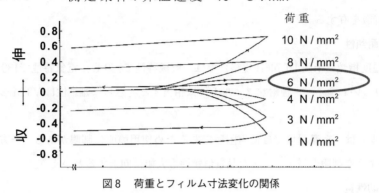

図8　荷重とフィルム寸法変化の関係

まり，後加工工程が6N/mm²のテンションで使用されることを考慮した上で，フィルムを設計することにより，後工程を経ても寸法変化に起因する不具合がなく取り扱い容易なフィルムを提供することができる事例である。

1.4　テオネックス®の各種特性

参考として，テオネックス®フィルムの優れた各種特性を記載する。

1.4.1　フィルム外観

表3にテオネックス®のグレードと各種用途を紹介する。この表から明らかなように，数～数百μmまでの非常にバリエーション豊かな厚み範囲でフィルムの供給が可能である。また，目的に応じてハンドリング性を重視した一般産業用から，先に紹介した超平坦性と高透明性を有する光学用グレードまで，表面性をコントロールしている。

1.4.2　機械的性質

分子差の剛直性により優れた強度，ヤング率を有する。この優れた強度特性から，あるいは数

表3　テオネックス®フィルムグレードと代表的用途

特性	銘柄	標準生産厚み（μm）	代表的な用途
標準品	Q51	12, 16, 25, 38, 50, 75, 100, 125, 188, 250	一般工業用
両面易接着品	Q51DW	25, 38, 50	一般工業用
耐熱品	Q81	25, 38, 50, 75, 100, 125, 188, 250	FPCなど
超耐熱品	Q83	25, 50, 75, 125	FPCなど
超高透明品	Q65	75, 100, 125, 200	光学用途
極薄物品	Q70, Q71, Q72	1.2～12.0	コンデンサー，リボン

FPC；Flexible Printed Circuit

ミクロンおよびサブミクロンの極薄フィルムでも2次加工などのハンドリングも比較的容易であるといった特徴を有する。

1.4.3 長期耐熱性

長期耐熱温度指数（米国 UL746B 規格）では，機械特性で160℃，電気特性で180℃の認定を取得しており，いわゆる"F 種耐熱フィルム"に相当する。さらに難燃性は VTM-2 を取得している。

PET フィルムは，高温環境では使用困難であるため使用箇所に制限がある。一方，テオネックス®はこのような制限が減少し，また品質信頼性も大幅に向上するといえる。

1.4.4 電気的性質

電気特性においては，体積固有抵抗，誘電率および誘電正接ともに，温度に対する変化が PET に比較して小さく（図9），また，GHz 帯の高周波領域においても安定した値を維持しており，電子材料として優れた特性を示す（図10）。絶縁破壊強度も広範囲な温度域において PET フィルムより優れており，PET フィルムで用いられる用途での信頼性がさらに向上する（図11）。

1.5 今後の開発動向と課題

割れにくい，軽い，曲面追随性がある，大量生産に向いているといった点がガラスと比較したときのフィルムの利点であると考えられる。このような特徴をいかして現在さまざまな用途で検討が進められている。プラスチック基板化の狙いとしては，二つあると思われる。一つは，より薄く，より軽く，割れなく，フレキシブル性をもった有機エレクトロニクスデバイスの開発であり，もう一つは，ロール・トゥ・ロールでの量産製造によるコストダウン化である。

これらの動向に対応して，デバイスの加工の面では，基材に対して今後ますます高度な寸法安定性，無欠点性，高透明性，平滑性，帯電防止性などが求められるようになると予想される。さ

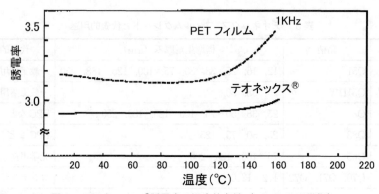

図9　テオネックス®誘電率の温度依存性（JIS C-2118準拠）

第2章 エレクトロニクス用プラスチックフィルム

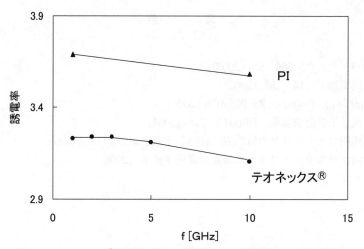

図10 テオネックス®高周波（GHz）領域における誘電率（空洞共振法）

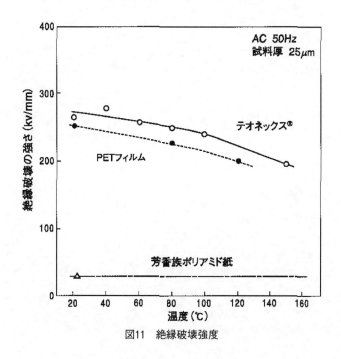

図11 絶縁破壊強度

らに，有機エレクトロニクスデバイスのロール・トゥ・ロールの加工プロセスが実現されれば，透明フィルムの市場は飛躍的に広がると期待されるが，そのためには加工工程での反りや伸び，ハンドリングのしやすさなども重要な要素になってくると予想される。バルク物性および表面などの局所物性設計の自由度，成型加工コストなどの観点から，テオネックス®は他のプラスチックフィルム対比有望であり，まだ進化する余地を秘めている素材であるといえる。

最新ガスバリア薄膜技術

文　献

- 小山，コンバーテック，**366**，58（2003）
- 伊藤ほか，成型加工，**14**，287（2002）
- D. Kawakami *et al.*, *Polymer*, **45**, 905-918（2004）
- 飯田ほか，高分子学会予稿集，ⅠPb040，718（2004）
- 飯田ほか，透明プラスチックの最前線，㈱高分子学会編，p 111（2006）
- 吉田，第42回プラスチックフィルム研究会講座予稿集（2008）

2 液晶ポリマーフィルム

福武素直*

2.1 はじめに

　液晶ポリマーフィルムの各種産業分野への適用にあたっては，液晶ポリマーの持つ優れた耐熱性・耐湿性・電気特性・寸法安定性・耐薬品性・ガスバリア性をいかせることから，エレクトロニクス分野への用途開発が中心となって進められている。具体的な例としては，コンピューターや携帯機器等の電子回路基板用途で，高速・大容量の伝送路FPCや高周波モジュール基板があり，情報通信やITSといった分野での実用化が始まっている[1,2]。また，まだ開発レベルであるが，フレキシブル太陽電池シートやフレキシブル有機ELシート等の半導体素子形成膜用途としても注目が高まっている。このフレキシブル半導体素子形成膜用途においては，真空・高温下で半導体素子をフィルム上に形成する際に，液晶ポリマーフィルムが高耐熱・低吸水であること，また実使用時のガスバリア性が利点となっている。このような性能を持つ液晶ポリマーフィルムは，将来の電子機器やエネルギー分野で強く求められると予想されており，本稿ではこのエレクトロニクス分野への液晶ポリマーフィルムの適用について述べる[3,4]。

2.2 適用可能な液晶ポリマーの選定

　電子機器に用いる回路基板では，はんだ付けが必要なことから，はんだのリフロー温度（260℃程度）でも使えるレベルの耐熱性が要求されている。また，半導体素子形成膜用途では，半導体素子をフィルム上に形成する際に高温になることから，250℃以上でも使えるレベルの耐熱性が要求されている。更に，微細な銅・アルミ配線や半導体素子を長期間保護する必要があることから，適用するフィルムには優れたガスバリア性と耐加水分解性が求められる。

　これらの要求事項から，耐熱性・ガスバリア性・耐加水分解性に優れた全芳香族ポリエステルが，この用途に適用する液晶ポリマーとして最適である。この全芳香族ポリエステルの代表的な分子構造を図1に示す。

　ただ，この全芳香族ポリエステル樹脂は分子構造に起因する強い配向特性から，単にシート化するだけでは特に機械特性（裂け・反り・寸法精度）の面で，エレクトロニクス用フィルムとしては使えない。この樹脂を本分野に適用する為のフィルム化技術を次項で述べる。

2.3 均一な分子配向制御技術

　液晶ポリマーは，図2に示すように，メソゲン基と呼ばれる棒状分子よりなっている。図2

---

　*　Sunao Fukutake　㈱プライマテック　応用技術開発

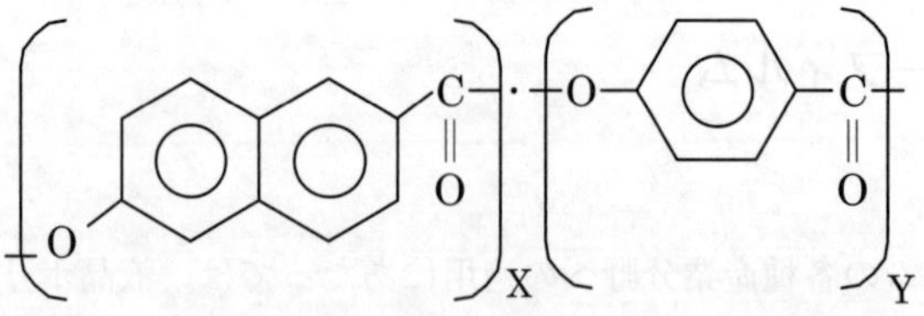

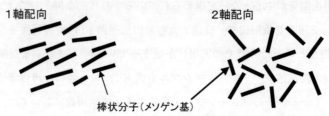

図1　全芳香族ポリエステルの代表的な分子構造

図2　液晶ポリマーフィルムのフィルム面内分子配向状態

（左）に示す1軸に分子配向したフィルムでは，棒状分子の配向方向に裂け易いといった欠点や，フィルム面内でX，Y方向に不均一な物性となる。これを図2（右）に示すように，棒状分子を高精度に配向制御（2軸配向）した液晶ポリマーフィルムを作れば，これらの問題を解決できる。エレクトロニクス用途では，後者の2軸配向フィルムが必要となる。

しかし，液晶ポリマーを均一に分子配向させフィルム化することは，液晶ポリマーの持つ溶融特性から，今まで困難とされていた。この課題を独自の製法により実現したのが当社の液晶ポリマーフィルムである。また，分子配向技術と併せて，半導体素子や銅・アルミ膜の形成に重要な，フィルム表面の平坦性を高めたフィルム化技術開発にも成功し，市場開拓を進めている。

現在，当社ではこのフィルム化技術を用いて，"BIAC（バイアック），STABIAX（スタビアックス）"の商品名で，厚さ25〜500μmの製品展開を行っている。次項では，この液晶ポリマーフィルムの持つ特性について述べる。

2.4　液晶ポリマーフィルムの特性

本項では，液晶ポリマーフィルムの特性として，BIAC（BCタイプ）の特性を代表として紹介する。

2.4.1　寸法安定性

線膨張係数，吸湿膨張係数について評価した結果を表1，2に示す。まず，線膨張係数については，BIACは銅の値と一致するように製膜できていることがわかる。また，吸湿膨張係数については，BIACはポリイミドフィルムに比べ，約1/10の値を持つことがわかる。これより，導体回路や半導体素子の微細化に対応できるエレクトロニクス用フィルムとして期待できる。

第2章　エレクトロニクス用プラスチックフィルム

表1　線膨張係数（ppm/℃）

	BIAC	ポリイミドフィルム
50～100℃	16	14～16

表2　吸湿膨張係数（ppm/%）

	BIAC	ポリイミドフィルム
50℃ 20～80%RH	1.5	14

表3　吸水率（%）

	BIAC	ポリイミドフィルム
23℃，24hrs 水中浸漬	0.04	1.5

2.4.2　吸水特性

吸水率を評価した結果を表3に示す。吸水率についても，吸湿膨張係数の場合と同様に，BIACはポリイミドフィルムに比べ，約1/40の値を持つことがわかる。これより，BIACを電子回路基板やフレキシブル半導体素子形成膜のベースフィルムとして用いることで，吸湿による導体金属や半導体膜の劣化防止に役立つと考えられる。

2.4.3　ガスバリア性

酸素と水蒸気に対するガスバリア性を評価した結果を図3に示す。BIACは樹脂フィルム中，最もガスバリア性を有するフィルムであることがわかる。導体回路材料（銅・アルミ）や半導体素子（有機半導体）は，特に吸湿に弱いことから，吸湿による信頼性の問題の改善が期待できる。

2.4.4　耐薬品性

耐薬品性を評価した結果を表4に示す。BIACは，酸・アルカリ・有機溶剤に対して優れた耐薬品性を持つことがわかる。電子回路基板や半導体素子形成膜の製造工程でも酸・アルカリ・有機溶剤が使用されるので，BIACはこの耐薬品性の面でもエレクトロニクス用フィルムとして優れたベース材料といえる。

2.4.5　電気絶縁性

電気絶縁性の目安となる，体積抵抗率・表面抵抗・絶縁破壊強さについて表5に示す。表中に常態と吸湿後のデータを示したが，BIACは常態では勿論のこと，吸湿環境下でも高い電気絶縁性を維持できることが利点である。

2.4.6　熱特性

熱特性について評価した結果を表6に示す。BIACは熱可塑性フィルムとしては最も優れた耐

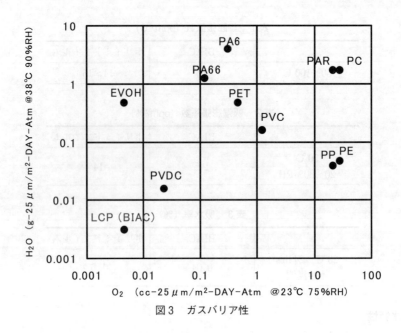

図3 ガスバリア性

表4 耐薬品性

試験条件			BIAC	ポリイミド
薬品	温度（℃）	日数		
Toluene	50	7	100	101
Methanol	50	7	99	91
Acetone	50	7	105	98
DMF	50	7	102	95
Chloroform	50	7	105	91
Dimethylaniline	190	7	79	68
Acetic acid	110	7	98	92
10% H_2SO_4	常温	5	99	93
	50	5	98	83
10% NaOH	常温	5	92	0
	50	5	81	0

※フィルムの引張試験を実施し，伸度の保持率で表示。単位は％。
　0のものは，溶解したために測定不能。

熱性を持ち，260℃までのはんだ耐熱性を有している。また，加わる応力にもよるが，200～250℃の高温下での，蒸着やスパッターを用いた導体や半導体形成にも耐えうる。ただ，非熱可塑性ポリイミドフィルムは短時間であれば400℃以上でも使用可能であるが，熱可塑性フィルムであるBIACはこのような高温で使用することはできない。BIACは熱可塑性フィルムであることを

第 2 章　エレクトロニクス用プラスチックフィルム

表 5　電気絶縁性

		BIAC	ポリイミドフィルム
体積抵抗率 [Ω・cm]	常態	$>10^{16}$	$>10^{16}$
	吸湿後	$>10^{15}$	$>10^{12}$
表面抵抗 [Ω]	常態	$>10^{14}$	$>10^{14}$
	吸湿後	$>10^{13}$	$>10^{10}$
絶縁破壊強さ [kV/mm]	常態	200	200
	吸湿後	180	150

※吸湿条件：85℃/85％RH，1000 hr

表 6　熱特性

	BIAC	ポリイミドフィルム
はんだ耐熱性 260℃，120 sec フロート	OK	OK
融点［℃］	325	なし
ガラス転移温度［℃］	なし	>500
比熱［cal/g/℃］	0.24	0.27
熱伝導度（25℃）[W/(m・K)]	0.41	0.20
燃焼性	UL94 VTM-0	UL94 V-0, VTM-0

生かしたエレクトロニクス用フィルムとして，他特性との組み合わせも含めて展開して行きたい。

ところで，BIAC は，耐燃焼性の面ではハロゲンやリン等の難燃剤を全く含まず UL94 VTM-0 を取得している。また，ポリイミドフィルムに比べ約 2 倍の熱伝導度を有することも特徴の一つである。

2.4.7　機械特性

機械特性について評価した結果を表 7 に示す。引張強度・引張弾性率はポリイミドフィルムに比べ劣るが，逆に熱可塑性フィルム特有のしなやかさを持っており，耐屈曲性についてはポリイミドフィルムに比べ 2 倍以上の性能を有している。フレキシブル回路基板（FPC）やフレキシブル半導体素子形成膜用途で有利となる。

以上，液晶ポリマーフィルムの持つ特性について説明したが，次項ではこのフィルムにスパッターや蒸着，無電解めっきやナノペーストコーティング法で銅膜を形成したり，同様に無機・有機の半導体素子を形成する際に有利となるように，フィルム表面の平坦性をアップした BIAC フィルムについて述べる。

表7　機械特性

		BIAC	ポリイミドフィルム
引張強度 [MPa]		150	250〜400
引張弾性率 [GPa]		5	3.5〜9
伸び率 [%]		17	30〜80
端裂抵抗 [N/mil]（ASTM D 1922）		1.9	2.4
耐屈曲性 [回]（MIT法）	R=2.0 mm	5,000,000	1,000,000〜2,000,000
	R=0.25 mm	20,000	5,000〜10,000
密度 [g/cm^3]		1.40	1.45

2.5　フィルム表面の平坦性をアップしたBIACフィルム

　本項では，前述の目的で，液晶ポリマーフィルム表面の平坦性をアップしたBIACフィルムについて紹介する。BIACフィルムの表面をAFMで観察した写真を図4に示す。図4（上）の標準品と比較し，図4（下）の平坦性アップ品の表面が極めて滑らかであることがわかる。また，AFMを用いて測定した表面粗さ（Ra）は，標準品で78 nm，平坦性アップ品で11 nmであった。この表面平坦性をアップさせた液晶ポリマーフィルムの製造技術は，今後のエレクトロニクス用フィルムとして重要な技術であり，生産性やコストの面も含めたレベルアップを進め，液晶ポリマーフィルムの持つ優れた物性と併せて，市場開拓を進めて行きたい。

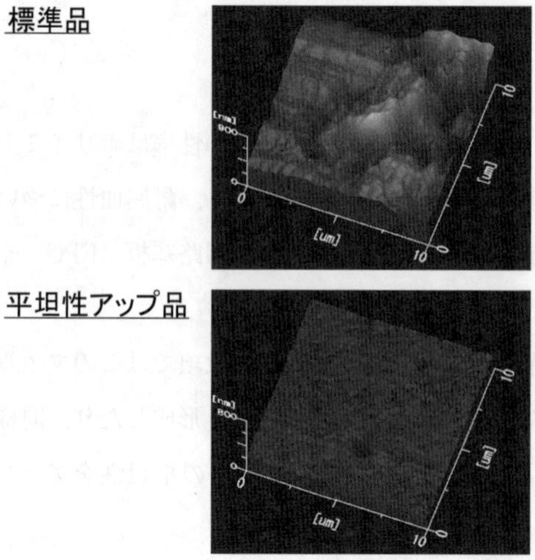

AFMによる表面粗さ Ra (nm)

	Ra (nm)
標準品	78
平坦性アップ品	11

図4　表面の平坦性をアップしたBIACフィルム

第2章　エレクトロニクス用プラスチックフィルム

2.6　おわりに

　液晶ポリマーフィルムは優れた耐熱性・耐湿性・電気特性・寸法安定性・耐薬品性・ガスバリア性を有しており，電子回路基板や半導体素子形成膜用途の分野で，今まで使われていたベースフィルムの欠点を補う新規な材料として期待できる。また，ハロゲンフリーであることと，マテリアルリサイクル性も含めて，環境適合性の面からも，好ましい材料といえる[5]。今後，更に液晶ポリマーフィルムの厚みバリエーションアップ（極薄フィルム等），高耐熱・高性能化，低コスト化を進め，またこのフィルムを使った電子回路基板や半導体素子形成膜の製造技術を確立して，液晶ポリマーフィルムを将来の電子機器やエネルギー分野で使用されるエレクトロニクス用フィルムの主流材料としたい。

文　　献

1) 福武ほか，高耐熱・高寸法安定液晶ポリマーフィルムの開発，第12回回路実装学術講演大会講演論文集，pp. 101-102（1998）
2) 福武ほか，高耐熱液晶ポリマーフィルムの高周波性能，第14回エレクトロニクス実装学術講演大会講演論文集，pp. 41-42（2000）
3) 福武ほか，液晶ポリマーフィルムの高密度実装への応用，第11回マイクロエレクトロニクスシンポジウム論文集，pp. 411-414（2001）
4) S. Fukutake *et al.*, "Material Properties of Liquid Crystal Polymer Film and Its Applications in High Density Interconnections", ICEP 2002, pp. 474-479（2002）
5) 福武，"性能と環境"～液晶ポリマー基材「BIAC」の高周波特性と応用展開，JPCAショー 2010 NPI プレゼンテーション予稿集，pp. 1-3（2010）

3 バリアフィルム基板用PESフィルム

宮本知治*

3.1 はじめに

近年の携帯電話,デジタルカメラ,ノートパソコンなどモバイル型ディスプレイの大画面,薄型化に伴い,表示体関連材料の軽量化,フレキシブル化の声が大きくなってきている。中でも表示基板のプラスチック化への期待は大きい。

従来よりプラスチック基板に対する潜在ニーズは大きいが,基板表面に求められる性能は平滑性,耐熱性,水蒸気バリア性,酸素バリア性など非常に厳しく,現在もガラス基板に替わるプラスチック基板の開発が近未来の新しいディスプレイへの展開を目指して各社で進められている。

現在,プラスチック基板における大きな改善課題は,水蒸気,酸素に対するバリア性であり,バリア膜としては通常スパッタ,CVD,蒸着といったドライプロセスにより SiO_x/ITOなど無機膜の形成が行われている。

液晶,電子ペーパー,有機ELなどの表示体用途で要求される水蒸気バリア性は一般的な食品,医療包装フィルム用途のレベルよりも1〜5桁高く,$10^{-2} \sim 10^{-6}$ g/m^2/24 hrである。そのため基板フィルムに要求される耐熱性,バリア膜密着性,表面平滑性はバリア膜の膜組成以外で膜の性能を大きく左右する重要なファクターとなっている。

当社では耐熱性に優れたスーパーエンジニアリングプラスチックフィルムのラインアップを「スミライトFS-1000シリーズ」として取り揃えており,透明性に優れたPESフィルムをはじめPSF,PEEK,PEI,COPなどを用途に応じて提供できるようフィルムの供給体制を整えている。その中でもPES(ポリエーテルサルフォン)は表示基板フィルムとして,耐熱性,透明性,低レタデーション性の点で優れており,ガラス転移温度223℃,全光線透過率89%,レタデーション18 nmの性能を有するフィルムとして各種表示体基板用に検討,実績化展開が行われている。

3.2 PES基板の耐熱性

表1に透明耐熱フィルムの性能比較表を示した。前述したようにPESはガラス転移温度が223℃とPC(ポリカーボネイト)(155℃)など他の熱可塑性プラスチックと比較しても最高レベルの耐熱性を有している。また,線膨張係数も55 ppmであり,やはりPCなど汎用エンプラに比較しても耐熱・寸法安定性に優れている。バリア膜の製膜において,基板の耐熱性,寸法安定性は非常に重要なファクターであり,この点でドライ製膜法による高品位なバリア膜の形成にはPESフィルムが最適といえる。

---

* Tomoharu Miyamoto　住友ベークライト㈱　フィルム・シート研究所　所長

第2章 エレクトロニクス用プラスチックフィルム

表1 透明耐熱フィルムの特性比較（代表例）

	単位	PES	PSF	PC
全光線透過率	%	89	89	90
曇度	%	0.1	0.2	0.1
屈折率	—	1.65	1.63	1.59
複屈折率	nm	18	12	20
ガラス転移温度	℃	223	179	155
線膨張係数	ppm/℃	55	57	70
引張強度	MPa	84	76	76
破断伸び	%	160	170	170

尚，PESフィルムはPCと同様に吸湿性があり，基板構成の設計時には水分の影響を考慮しておく必要がある。図1に示すように製膜プロセスにおける吸湿/乾燥によりフィルムの寸法が可逆的に変化するため，バリア膜を積層して使用することが好ましい。

3.3 PES基板の光学特性について

PESフィルムは琥珀色の透明フィルムであり，100μm厚では表1に示すように全光線透過率で89%，曇度も0.1%と非常に透明性に優れている。また，表示体の表示品位に影響する基板フィルムの重要な光学特性のひとつに複屈折率がある。ガラスは三次元方向でアモルファスな結晶構造でありガラス基板をあらゆる方向から見た場合でも，屈折率の異方性は発生せず透過光の位相に影響を与えない。一方プラスチックフィルム基板は三軸の屈折率の状態が楕円状であるため，見る方向によって位相差が生じてコントラストが変化し，表示品位を低下させる要因となっている。このため，プラスチック基板を用いる際は，この三次元の屈折率差ができるだけ小さくなることが必要となる。

当社のPESフィルムは，これらの要求に対応するため既存の18nmグレードよりも更に複屈

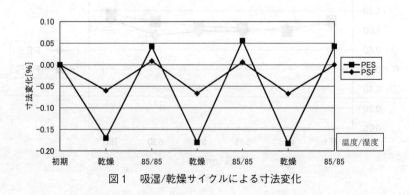

図1 吸湿/乾燥サイクルによる寸法変化

折率を低減させた低複屈折 8 nm グレードも開発している。

また，図 2，図 3 に PES フィルムの複屈折率に関する視野角依存性および波長依存性を示した。いずれも，PES フィルムは PC フィルムに比較して安定な特性を示しており，液晶や各種光学フィルムとの組み合わせにおいても基板材料として光学的に適した材料である。

3.4 バリア性能への PES フィルム特性の影響について

PES フィルム基板上へのバリア製膜に際してバリア膜の信頼性に大きな影響を与える因子としては，フィルム表面の平滑性と異物管理がある。

① 平滑性

当社 PES フィルムの表面平滑性は，フィルム製膜時の高精密溶融押出技術により Ra で 1～2 μm で制御されている。当社では研究試作で図 4[1])に示すような Ra 0.3 nm レベルの超平滑なアンダーコートを形成させることで図 5[2])に示すような 10^{-2} レベルの非常に安定した水蒸気バリア性を発現できることを確認している。

② 異物管理

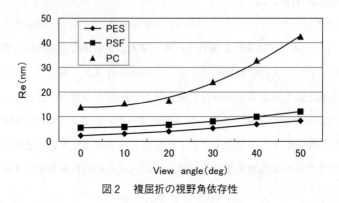

図 2　複屈折の視野角依存性

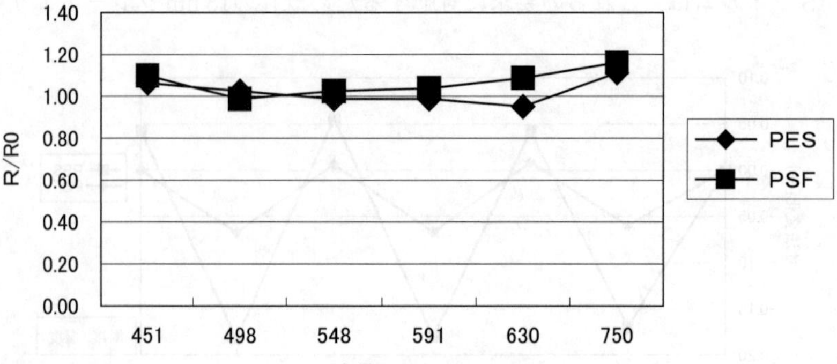

図 3　複屈折の波長依存性

第2章　エレクトロニクス用プラスチックフィルム

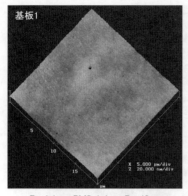
Ra=1.1nm, RMS=1.4nm, Ry=42nm

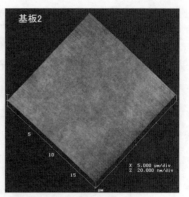
Ra=0.3nm, RMS=0.4nm, Ry=4nm

図4　アンダーコート付きPES基板の表面AFM像[1]

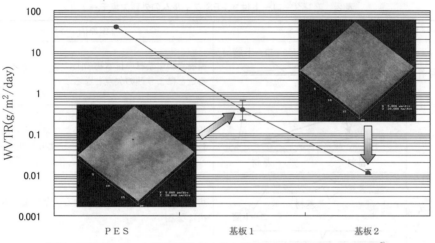

図5　アンダーコート付きPESフィルム基板の水蒸気透過量（実施例）[2]

当社では光学フィルムの専用溶融製膜ラインを有しており，溶融押出部のクリーン度をクラス100に制御して生産を実施している。また，押出ラインのクリーン度管理は，ライン部材の材質，静電気管理，空気の流れを制御することでライン全体の最適化を図っている。

PESフィルム表面への異物付着は図6に示すようなバリア膜の局所欠陥となりバリア性能の劣化の要因となる。また，次工程のアンダーコート時に表2に示すような様々な不良モードを発生させてしまい，バリア膜の構造欠陥の大きな要因となってしまう。

当社では押出技術の長年の蓄積と徹底した異物管理技術により高品位なPESフィルムの生産を実現している。

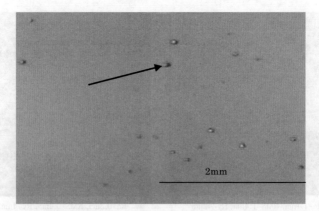

図6 付着異物によるアンダーコート付きPESフィルムの局所欠陥部分

表2 アンダーコート付きPESフィルムの外観欠点モード

モード	形態	推定原因
付着	異物／コート層／基材	環境異物や基材の付着物の上にコーティングすることにより凸の欠点となる
ムラ	異物無し／コート層／基材	基材表面の汚染や局所帯電によりコート表面がわずか（＜1μ）に揺らぐことにより発生する
キズ	基材／コート層	基材表面のキズ上にコートすることによりムラ状になる

3.5 アンダーコート

　PESフィルム基板へのバリア膜形成においては無機膜を直接製膜せず，下地処理として有機系ポリマーのアンダーコートを行うことが一般的である。表面の濡れ性を大幅に向上させ，バリア膜の信頼性を向上させるためである。アンダーコート用樹脂としては種々の官能基を有するアクリル樹脂が代表的であり，コート後UV照射により三次元架橋構造をとることでコート膜とPES基板フィルムの密着性を大幅に向上させている。また，前述したようにPES基板表面の平滑化を目的として特殊処方により平滑性を向上させることも可能である。

　このアンダーコートにより屈折率を制御することで光学的にも表面反射を抑え全光線透過率を改善する効果も得られている。また，バリアフィルム用基板の耐薬品性についても，アンダーコートを施すことで特性の向上を図ることが可能である。

第2章　エレクトロニクス用プラスチックフィルム

表3にはアンダーコートしたPESフィルムの代表性能を示した。耐薬品性だけでなく，耐油，耐酸，耐アルカリに対しても安定した性能を発現している。

3.6　おわりに

・バリア性能例

表4にドライ製膜でSiO_xバリア膜/ITO膜を形成した系の一例をあげている。

・用途展開

最後にPESフィルムの一般物性を表5に示す。透明性，耐熱性以外にも機械的強度，電気絶縁性，誘電特性などプラスチック材料中でも優れた特性を有しており，バリアフィルム用途以外でも幅広く使用されている。

当社ではPES以外にもPSF，PEI，PEEK，COPフィルムなど，耐熱性，耐薬品性など各特徴のあるエンプラフィルムのラインアップも取り揃えて市場，ユーザーのニーズに応えられるようにしている。

表3　アンダーコート付きPES，PSFフィルムの性能（実施例）

評価項目		測定条件	PES（表面有機コート）	PSF（表面有機コート）
光学特性	全光線透過率［％］	JIS-K7361	90	90
	ヘイズ［％］		0.2	0.1
塗膜物性	密着力	Xカットテープ剥離試験	○	○
	硬化性	NMP滴下による白化なきこと	○	○
耐薬品性	トルエン	薬品滴下1分後の外観変化	○	○
	ヘプタン		○	○
	MEK		○	○
	酢酸エチル		○	○
	エタノール		○	○
	アセトン	2時間浸漬後の外観変化	○	○
	石油エーテル		○	○
耐油脂性	ハンドクリーム	基材塗布5分後の外観変化	○	○
	ガラスクリーナー		○	○
	オリーブオイル		○	○
耐アルカリ性	5％NaOH	10分浸漬後の外観変化	○	○
耐酸性	1N-HCl	2時間浸漬後の外観変化	○	○

表4 ITO/バリア付きPES, PSFフィルムの性能（実施例）

構成			ITO/バリア付 PES	ITO/バリア付 PSF
項目	単位	測定方法		
厚さ	μm	マイクロメーター	125	125
全光線透過率	%	JIS-K7361	84	85
ヘイズ	%	JIS-K7361	0.5	0.5
水蒸気透過量 ITO付き	$g/m^2/day$	JIS-K7129	0.1未満	0.1未満
水蒸気透過量 ITO除去後	$g/m^2/day$	JIS-K7129	0.1未満	0.1未満
表面抵抗	Ω/□		147	154
耐熱性（150℃, 60 min）	R1/R0	JIS-K7194	1.0	0.9
耐アルカリ性（5%NaOH, 5 min）	R1/R0	JIS-K7194	1.3	1.2

表5 PES, PSFフィルムの一般物性

項目	単位	測定方法	PSF	PES	備考
ガラス転移温度	℃	JIS K-7121	179	223	
熱伝導率	W/m・K	—	0.13	0.18	
比熱	J/g・℃	JIS K-7123	1.56	1.38	
比重	—	JIS K-7112	1.24	1.37	
曲げ弾性率	MPa	JIS K-7106	1759/1849	1866/1888	MD/TD
引き裂き強さ	N/mm	JIS K-7128-3	214/202	196/225	MD/TD
光線透過率	%	JIS K-7105	89	89	
曇度	%	JIS K-7105	0.2	0.2	
水蒸気透過率	$g/m^2/24\,hr$	JIS K-7129	63.5	124	
絶縁破壊強さ	KV/mm	JIS K-6911	109/74	106/65	ST/SS法
表面抵抗率	Ω	JIS K-6911	1.3×10^{15}	3.4×10^{15}	
体積抵抗率	Ω・cm	JIS K-6911	5.6×10^{16}	1.4×10^{16}	
誘電率	—	JIS K-6911	3.18	3.97	60 Hz
誘電率	—	JIS K-6911	3.17	3.96	1 kHz
誘電率	—	JIS K-6911	3.16	3.87	1 MHz
誘電率	—	JIS K-6911	3.08	3.43	1 GHz
誘電正接	10^{-3}	JIS K-6911	1.3	3.3	60 Hz
誘電正接	10^{-3}	JIS K-6911	1.5	3.6	1 kHz
誘電正接	10^{-3}	JIS K-6911	9.0	17	1 MHz
誘電正接	10^{-3}	JIS K-6911	7.5	10	1 GHz

第 2 章　エレクトロニクス用プラスチックフィルム

文　　献

1) T. Miyamoto, K. Mizuno, N. Noguchi and T. Niijima, Society of Vacuum Coaters 44th Ann. Tech. Conf. Proc., 166 (2001)
2) A. Yoshida, A. Sugimoto, T. Miyadera and S. Miyaguchi, *J. Photopolym Sci. Technol.*, **14**, 327 (2001)

4 Fフィルム

石井良典*

4.1 はじめに

当社のプラスチックフィルム事業の基盤技術はフィルムの溶融押出成形，多層フィルム製造，延伸成形である。またグループ会社においては，フィルムへの印刷，ラミネート加工等の事業を行っている。

また当社はタッチパネルの製造販売を行っており，その技術基盤となるのは光学フィルムへのコーティング加工，スパッタリング加工，デバイス製造技術である。

今回報告する耐熱透明フィルム「Fフィルム」は市場ニーズに応えるために，当社の事業領域の技術をベースに開発した。

4.2 開発の背景

近年ディスプレイデバイス分野では薄膜・軽量化，Roll to Rollプロセス適合ニーズの高まりで，ガラス代替としての耐熱フィルム需要が増加している。

ここでは当社のFフィルムの特性や特長を中心に報告し，さらにデバイス適合化のためのWET&DRYプロセスによる機能付与技術とアプリケーションについて説明する。

4.3 Fフィルムの特長

Fフィルムは非結晶構造を有した熱可塑性ポリオレフィン系素材をベースとしており，そのガラス転移温度は180℃である。非結晶ポリマーであるためDSC法等による測定で明確な融点は存在しない。フィルムの成形方法には溶融押出成形法を用いている。表1にFフィルムの特性を示す。

特に以下の特長が挙げられる。①耐熱性が高い，②光学特性に優れている，③吸水率が低い。これらの特長についてさらに詳しく説明する。

4.3.1 耐熱性

前述の通り，Fフィルムのガラス転移温度は180℃であり，光学フィルム分野で広く使用されている，ポリカーボネートフィルム（PC），アクリルフィルム（PMMA），シクロオレフィンポリマー（COP）等と比較して高い耐熱性を有する。

---

* Yoshinori Ishii　グンゼ㈱　開発事業部　光学フィルム開発営業センター
　　　　　　　　　　F1フィルム開発営業課　課長

第 2 章　エレクトロニクス用プラスチックフィルム

表 1　F フィルムの基本物性

		単位	F フィルム	PC	PMMA	COP	測定方法
物理特性	吸水率	%	<0.01	0.2	0.3	<0.01	ASTM D-570
光学特性	ヘイズ	%	0.15	0.5	0.5	0.15	ヘイズメーター
	透過率	%	91.5	88	92	91.5	分光光度計
	面内位相差	nm	<5	<5	<5	<5	KOBRA
	屈折率	—	1.53	1.59	1.49	1.52	アッベ屈折率計
熱的特性	ガラス転移温度	℃	180	~155	~100	~160	DSC 法
	線膨張係数	ppm	65	70	70	65	TMA 法

4.3.2　光学特性

　F フィルムの分光スペクトルを図 1 に示す。透明ポリイミドフィルムや PEN フィルムと比較すると，可視光領域（400~800 nm 以下）での透過率が高く，また紫外線領域（400 nm 以下）での吸収が極めて低い。そのために，太陽光に暴露された際の紫外線による諸物性の劣化が少ない特長を有している。

　図 2 に，60 ℃×90％の環境での PET フィルムのヘイズ値の変化を示している。時間の経過とともに大きくそのヘイズ値は変化する。

　この現象はポリエステル素材に含有されるオリゴマーのブリードアウトに起因すると知られており，この現象を防ぐために PET フィルムの表裏にオーバーコートする等の処置が行われる。F フィルムは同等の環境暴露によってヘイズの変化はないために，その目的のためのオーバーコートは不要である。

4.3.3　低吸水率

　F フィルムは極めて吸水率が低いために透湿度が低い特長と，熱収縮率が小さい特長を有して

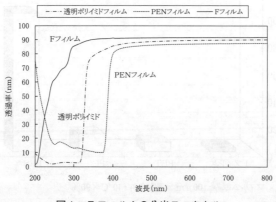

図 1　F フィルムの分光スペクトル

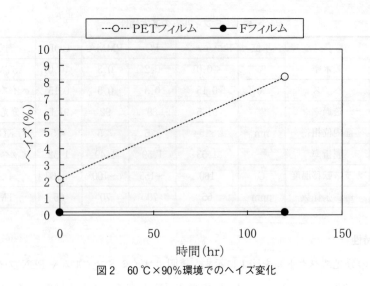

図2　60℃×90%環境でのヘイズ変化

いる。Fフィルムの透湿度と熱収縮率を図3，図4に示す。

さらに図5には湿度変化による寸法変化のデータを示す。図5は横軸が時間（分），縦軸は伸び（％）である。時間の経過とともに湿度を上昇させていった際のフィルムの伸びを表している。他の耐熱フィルムと比較してその変化は極めて少ない。この測定ではフィルム長20mmにて行っており，20％→80％と湿度変化させた際の変化率は，0.001％程度である。

例えば，50インチサイズのディスプレイ用途を想定した場合，湿度20％と80％の湿度変化サイクルによって，その寸法変化はPESフィルムの3mm程度に対して，Fフィルムの場合は12μm程度におさえられる。

この特性は，フィルム上にパターンを形成する際に，あらゆるプロセス（特に吸湿が伴うプロ

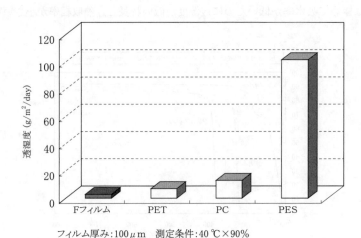

図3　Fフィルムの透湿度

第2章　エレクトロニクス用プラスチックフィルム

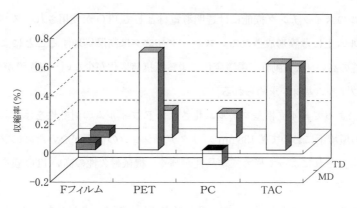

フィルム厚み：100μm　サンプルサイズ：100×100 mm
120℃オーブン30分投入後の収縮率を測長器にて測定

図4　Fフィルムの収縮率

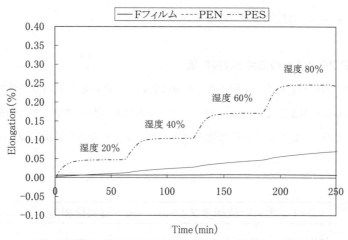

図5　Fフィルムの湿度変化による寸法変化

セス）を通過した後のフィルムの寸法変化によるパターンずれが少ない点，またガラス板に貼合して使用するようなデバイスで環境変化によるフィルムへの内部応力によって粘着層へのストレスが大きくなり，ガラス-フィルム間での剥離現象が発生してしまうことを回避できる等の高い評価を得ている。

4.4　タッチパネル向け電極フィルムへの応用

タッチパネルの種類の中で代表的なものは，抵抗膜方式と静電容量方式がある。いずれの方式もWETコーティング，スパッタリングをはじめとしたフィルムの加工プロセスを経てパネルに組みあがる。ここではFフィルムのタッチパネル基板への適用について説明する。

タッチパネルのスイッチング機能には透明導電材として ITO が使用され，スパッタリング法によってフィルム上に薄膜形成される。スパッタリングは高温処理することにより結晶性が高く，機械耐久性の高い（入力動作，環境変化による抵抗値変化が少ない）電極膜が得られるため，耐熱性の高いフィルム基材が求められる。

図6に延伸によって$\lambda/4$位相差フィルム化された F フィルムの耐熱性を示す。F フィルムは150℃×30分の環境下においても138 nm のリタデーションの低下がないためにプロセスの高温化が可能であり，それによって極めて結晶性が高く，機械耐久性の高い ITO 膜を形成することができる。

また配線用の銀インクの焼成プロセスでは，形成された銀インク配線を高温で焼成することにより，低抵抗値と安定性を得る。通常その焼成温度は基材フィルムの耐熱性によって決まり，例えば PET フィルム，COP フィルムでは120℃程度で行われるが，F フィルムは160℃での焼成が可能なため，より低い抵抗値を得ることできる。

4.5 ガスバリアフィルムへの応用と実装評価

近年，電子ペーパーや有機 EL，太陽電池用途において，高い水蒸気バリア性を有するプラスチックフィルムのニーズが高まっているが，F フィルムはガスバリアフィルムの基材として最も適したフィルムである。F フィルムの特性とガスバリアフィルムへの適用について説明する。

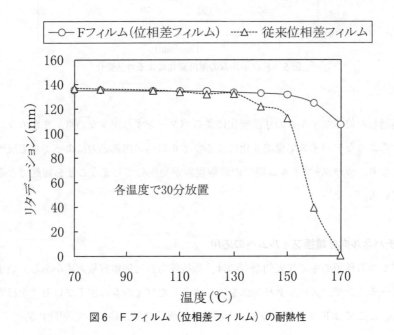

図6　F フィルム（位相差フィルム）の耐熱性

4.5.1 基材フィルムの平滑性とバリア性能

プラスチックフィルム上へのガスバリア層の形成方法には，WET コーティング法と，DRY コーティング法があり，それらの積層による手法も知られている。

例えば，スパッタリング法によりプラスチックフィルム上に堆積させる SiON 膜の厚みは，実用上100 nm 程度である。100 nm 程度の厚み領域では，ベースフィルムの表面粗さが無視できなくなる。

ベースフィルム表面に，形成しようとする膜厚以上の高さを持つ突起が存在した場合は SiON で覆いきれないほか，クラック等の欠陥の発生原因にもなる。

さらに形成されるガスバリア膜は，基材フィルム表面との密着性も必要となる。フィルム基材の種類と，表面粗さと水蒸気透過率の関係を調べた結果を表2に示す。

PET や PEN には片面に易接着層（印刷性や接着性改善のための厚み100 nm 以下の有機樹脂系薄膜）が予め形成されたものが市販されており，この表面に SiON 膜を同等厚み形成させた場合の結果も示す。表面粗さは島津製作所製原子間力顕微鏡（AFM）SPM-9600にて $10 \times 10 \mu m$ 領域で測定した。表中の Ra は算術平均粗さであり，Rz は最大高さを表す（JIS B0601-1994準拠）。

F フィルムをベースフィルムに用いた場合のガスバリアフィルムの水蒸気透過率は 0.06 g/m^2/day と最も小さかった。表2には，ベースフィルムの吸水率を併記しておいた。F フィルムの吸水率は PET や PEN と比較して小さいため SiON のスパッタリング堆積時のデガスが低減できると考えられるが，このことが良好なガスバリア性発現に繋がっていると判断している。

4.5.2 基材フィルムの吸水率とバリア性能

F フィルムにバリア層を形成したフィルムと，二軸延伸 PET フィルムにバリア層を形成したフィルムの，水蒸気透過度をMOCON 社製の水蒸気透過度測定装置（MOCON PERMATRAN-W 3/33 ASTM-F1249）にて測定した。測定の際に，図7のようにバリア層を検出器側にする設置

表2　易接着層上に SiON 膜を形成した際の水蒸気透過率

ベースフィルム		表面粗さ		吸水率 (%)	水蒸気透過率 (g/m^2/day)
		Ra (nm)	Rz (nm)		
PET	A	1.8	34.8	0.3	0.57
	B	3.9	256.7		0.86
PEN	A	2.5	54.8	0.3	0.13
	B	5.2	204.9		0.21
F フィルム		1.8	36.9	0.01	0.06

A：易接着層 未形成面，B：易接着層 形成面

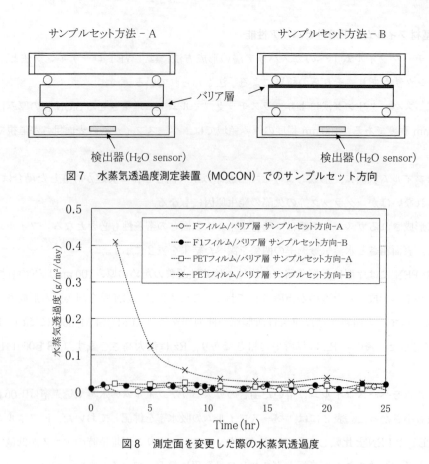

図7 水蒸気透過度測定装置（MOCON）でのサンプルセット方向

図8 測定面を変更した際の水蒸気透過度

方法と，その反対向きに設置する方法の2種類の設置方法で，水蒸気透過度データを比較した。結果を図8に示す。バリア面を検出器側に設置した方法では，Fフィルムにバリア層を形成したフィルムと，二軸延伸PETフィルムにバリア層を形成したフィルムでは差はないが，バリア面を検出器側と反対の面に設置した方法では，測定開始の初期段階での水蒸気透過度に差が確認された。

この現象は，Fフィルムは吸水率とPETフィルムの吸水率の差から起因していると考察している。Fフィルムは吸水率が極めて低いため，フィルム端部からの水分の混入を防ぐ効果があり，ディスプレイデバイス等の端部からの水分浸入による，表示素子の劣化を防ぐ性能に優れると言える。

4.6 技術展望・製品展望

Fフィルムは，ここまで述べてきた特長を活かしフレキシブルデバイスを中心とした用途において検討されている一方で，①さらなる高耐熱化，②高靭性・薄膜化のニーズが強い。当社では

この2つのニーズについて取り組んでいる。

4.6.1 高耐熱化

Fフィルムのガラス転移点は，前述の通り180℃である。Fフィルムの特長を維持しつつ，その耐熱性を向上させる取り組みを行っており，現在当社では，195℃のガラス転移点を持つFフィルムの製膜に成功しており，市場ニーズに応じてデバイス実装評価を開始している。

4.6.2 高靭性・薄膜化

Fフィルムの厚みは100～250μmであったが，薄膜のニーズに応え，50μmの薄膜化に成功している。50μmという薄膜では加工プロセスに耐える機械的強度が必要となるため，50μmのFフィルムは従来の100μmのフィルムと比較して機械的強度を大幅に向上させている。

5 PI（透明ポリイミド）

松本利彦*

5.1 はじめに

　基板にガラスを用いる液晶ディスプレイや太陽電池，有機 EL ディスプレイなどの分野では，装置の大型化に伴うガラス基板の重量増加が問題となっている。また，携帯電話やラップトップパソコン，電子ペーパーなどの携帯情報端末では表示装置の薄膜化が進んだ結果，それに伴うガラス基板の破損が深刻化しており，軽量で柔軟性に富んだフィルム基板の出現が望まれている。フィルム用材料としては，透明性，光学特性に優れたメタクリル樹脂やポリエステル樹脂などが一般的に使用されているが，樹脂表面への高品質セラミックス透明電極作製，および近年急速に進んでいるディスプレイの高輝度化によって，光学部材はより高温環境に曝されるようになったため，ガラス転移温度 Tg が180℃以下で熱分解温度 Tdec（5％重量減少温度）が400℃付近と耐熱性が低いこれら従来の光学材料をフィルム基板として使用することは難しい。そこで，優れた耐熱性，機械的特性などを有し，既にスーパーエンジニアリングプラスチックとして耐熱フィルムや接着剤，コーティング剤，成型用樹脂などに幅広く使われているポリイミド樹脂が注目された。また，ポリイミド樹脂は重合時に触媒を必要としない稀有な高分子であり，従って触媒由来の夾雑物，例えば金属イオンなどを含まないため電気絶縁特性に特に優れている。しかし，1964年 duPont によって開発された Kapton®（Tg：428℃，Tdec：514℃）（図1）に代表される全芳香族ポリイミドは機械用部材や電気用部材には適するものの，着色が強いことが障害になって光学用フィルム基板材料としての実用化は進んでいない。ポリイミド樹脂の優れた特性は，分子の剛直性や分子が共鳴安定化していること，強い化学結合を有することなどに起因するが，一方で着色しているのは，高分子鎖上に交互に配列された電子吸引性ユニットおよび電子供

図1　芳香族ポリイミド Kapton® フィルム
（http://www.td-net.co.jp/kapton/index.html）

---

*　Toshihiko Matsumoto　東京工芸大学　工学部　生命環境化学科　教授

第2章　エレクトロニクス用プラスチックフィルム

与性ユニット間の電荷移動（CT）相互作用に由来する可視光領域の吸収によるものである（図2）。筆者らは，多脂環（ダイヤモンド様）構造を有するテトラカルボン酸二無水物を用いることによってCT相互作用を抑制し，全芳香族ポリイミドに匹敵する耐熱性を持ちながら可視光透過率90％に達するポリイミドフィルムを作製した。本稿では，この脂環式ポリイミドについてガスバリア特性，特に水蒸気透過率と関連させながら述べてみたい。

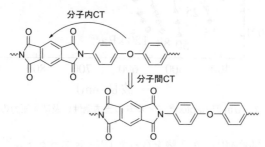

図2　芳香族ポリイミドの電荷移動（CT）相互作用

5.2　ポリイミド着色の起源

ポリイミドの着色にはじめて科学の目を向けたのはBiksonのグループであり[1]，KotovらがポリイミドがCT錯体形成に起因することを明らかにした[2]。しかし，CTが高分子鎖に沿った分子内か分子間か議論のわかれるところであるが，筆者らは半経験的分子軌道計算（AM1/MOPAC2000，INDO/S/MOS-F）を使ってKapton® モデル化合物の第一励起状態を計算し，ポリイミドの着色は，HOMO-LUMO遷移が支配的な分子内CTだけで説明できることを示した[3]。すなわち，基底状態と励起状態での差電子密度を調べることによって，光吸収がジアミンDDEのベンゼン環上に広がったHOMOから，PMDAのベンゼン環と五員環イミド基上に分布するLUMOへの電荷の移動によることがわかった（図3）。

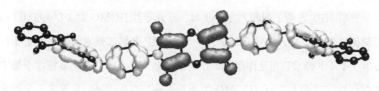

図3　基底状態と第一励起状態との差電子密度
（暗灰色：励起状態で電子密度増大，明灰色：励起状態で電子密度減少）

一方，Erskineらは高圧下，Kapton® フィルムの光透過スペクトルを測定し，印加圧が増大すると吸収端は深色シフトし，その変化は120 kBar（12 GPa）以下では可逆的であることを示した（図4）[4]。このことが，ポリイミドの着色が分子間CTに起因することを示す直接的な証拠に

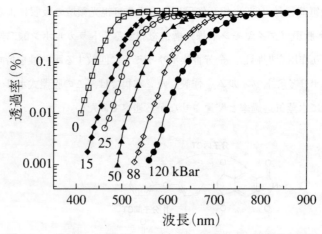

図4　7.5μm厚 Kapton® フィルムの光透過性に及ぼす圧力の影響

なった。安藤らも同様（400 MPa）の実験を行って UV-vis スペクトルを詳細に調べ，圧力増加に伴って深色シフトせずに吸光度増大する吸収帯が分子間 CT に由来すると報告している[5]。また，構造の異なるビフェニル型ポリイミドについては，吸光度増大を伴わずに深色シフトする吸収帯を分子内 CT に帰属した。最近，阿部らは長距離相互作用補正-時間依存密度汎関数法（LC-TDDFT）を用いて Kapton® タイプポリイミドモデルの凝集状態における吸収スペクトルを計算し，PMDA-PMDA 分子間相互作用が分子内電子励起に影響して長波長化が起こる，という従来とは異なる機構を提案している[6]。

5.3　無色透明ポリイミド

ポリイミドの場合，CT はフロンティア軌道である HOMO から LUMO への電子遷移と考えると，無色透明化は HOMO-LUMO エネルギーギャップを広げる分子設計になる。HOMO と LUMO は，前述したようにそれぞれジアミン部分と酸二無水物部分に広がっている。一方，イオン化ポテンシャル（IP）と電子親和力（EA）は，それぞれ HOMO および LUMO のエネルギーレベルと直線関係にあり，モノマーであるジアミンの IP と酸二無水物の EA を知れば，それらから得られるポリイミドの CT 相互作用およびそれに基づく光吸収をある程度予想することが可能になる。すなわち，IP が大きい（HOMO エネルギーレベルの低い）ジアミンと EA の小さい（LUMO エネルギーレベルの高い）酸二無水物とから無色透明ポリイミドが得られることになる。ジアミンの IP を大きくする方法は，芳香環に電気陰性度の大きいハロゲン原子などの導入，SO_2 などの電子吸引性連結基で芳香環をメタ位結合，脂環構造の導入による芳香環排除，などである。また，酸二無水物の EA を小さくする例として，フタル酸無水物ベンゼン環を直接あるいは酸素原子を介して連結させたねじれ構造，あるいは脂環構造などを導入することがあげられ

る。しかし，HOMO-LUMO エネルギーギャップだけでは説明できない例も報告されている。電気陰性度の大きいフッ素原子を酸二無水物に導入すると LUMO エネルギーレベルが下がって，エネルギーギャップが減少し，可視光領域に光吸収を持つと予想されるが，2,2-bis(3,4-anhydrodicarboxyphenyl) hexafluoropropane (6FDA) から得られるポリイミド PI(6FDA-DDS) は実質的に無色である（図5(a)）。これは，CF_3 の電子吸引性が四級炭素によって遮蔽され，さらに二つの CF_3 によって高分子鎖間が広がり分子間 CT が抑制されたためだと考えられている。最近，Choi（韓国）らは BPDA とテトラクロロベンジジンから無色透明かつ高屈折率の全芳香族ポリイミド PI(BPDA-TCDB) を合成している（図5(b)）[7]。このポリイミドは，塩素原子の誘起効果によってジアミンの HOMO エネルギーレベルが下がることに加えて，酸二無水物ビフェニル部分のベンゼン環どうしがねじれ，さらに塩素原子の立体障害によってベンジジンのベンゼン環どうし，およびベンジジンベンゼン環とイミド五員環もねじれているため，分子内および分子間 CT が起こりにくいからだ，と述べられている。

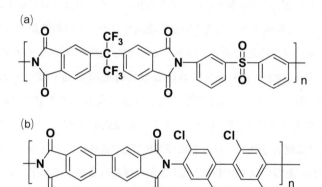

図5　芳香族無色透明ポリイミドの例
(a) PI(6FDA-DDS) および，(b) PI(BPDA-TCDB)

5.4　脂環式ポリイミドの作製法とフィルムの諸特性

　イミド五員環形成に関与するアミノ基あるいはカルボキシル基が脂環構造炭化水素に直接結合したモノマーから得られるポリイミドを，"脂環式ポリイミド"と呼んでいる。酸二無水物あるいはジアミンのいずれか，あるいは両方に脂環構造を導入することによって HOMO-LUMO エネルギーギャップが広がり，無色透明ポリイミドが得られる。脂環構造が発達した多脂環（ダイヤモンド様）構造のモノマーを用いると，アルキレン鎖や単環の脂環式のものと比べて熱分解による主鎖切断確率が減少し，かつポリマー主鎖の剛直性が増すため T_{dec} や T_g が上昇する。また，ポリマー鎖間の π-スタッキングや CT 相互作用が抑制され，非平面構造のため自由体積が増大し，種々の有機溶媒に溶解するようになる。多脂環構造の構築には Diels-Alder 反応，カル

ボキシル基の導入には Pd-触媒カルボニル化反応が効果的であり，図6にこれまでに筆者らが合成した多脂環構造テトラカルボン酸二無水物の例を示した。

　通常，脂環式ポリイミドは，前駆体ポリマーであるポリアミド酸の溶液を流延塗布後に加熱処理する二段階法で合成されるが，ポリイミドが重合溶液に可溶な場合は一段合成（溶液イミド化），あるいは無水酢酸による化学イミド化が可能である。しかし，塩基性の高い脂環式ジアミンを用いると，多くの場合，重合初期に生成したポリアミド酸カルボキシル基と遊離ジアミンとの間で架橋構造の難溶性塩を形成して沈澱するため高分子量体が得られない。大石らは脂環式ジアミン溶液にシリル化剤を加えてシリル化ジアミンに換え，これを単離せずにこの反応混合物に酸二無水物を添加する in-situ 法で分子量の高いポリイミドを合成している[8]。上田らは，脂環式ジアミンの溶液にアミノ基に対して小過剰当量の酢酸などの一価カルボン酸を加えて可溶性の塩を形成させ，これに酸二無水物を添加して高重合度のポリアミド酸を得ている[9]。

　脂環式ポリイミドの特徴の一つは極性有機溶媒に可溶なことであり，テトラシクロ環やビススピロノルボルナン環構造酸二無水物を用いた半芳香族ポリイミドはクロロホルム，ジオキサンにも溶解する。しかし，芳香環を全く含まない全脂環式ポリイミドは脂肪鎖どうしの相互作用が強いため，殆どの有機溶媒に不溶である。筆者らが作製した脂環式ポリイミドフィルム（5〜20 μm 厚）は可視光領域（400〜780 nm）における全光透過率が85％以上である。一例としてPI(BHDAdx-1,3BAB) フィルムを図7に示した。全脂環式ポリイミドの吸収端波長は234 nmで，270 nm においても光透過率が60％以上である。脂環式ポリイミドでは一般に熱分解が開始する温度以下に融点は観測されず，ガラス転移温度 Tg は200℃以上である。特に，ケト基を持つ酸二無水物 CpODA あるいは ChODA と DDE から得られるポリイミドはスピロ構造にもかかわらず，Tg がそれぞれ354℃および359℃と高い。これは極性基であるケト基間の双極子−双極

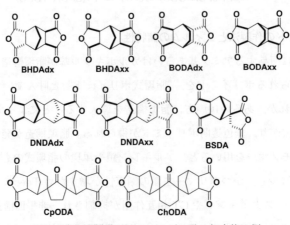

図6　多脂環構造テトラカルボン酸二無水物の例

第 2 章　エレクトロニクス用プラスチックフィルム

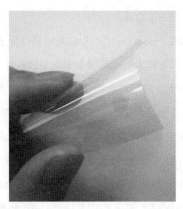

図 7　脂環式ポリイミドフィルム PI(BHDAdx-1,3BAB)

子相互作用によって高分子鎖のミクロブラウン運動が凍結されたためだと考えられる。また，5％重量減少温度は空気中で400～500℃，窒素雰囲気下で450～520℃である。強靭なフィルムを形成する脂環式ポリイミドに関しては，力学的性質が調べられている。未延伸フィルムに関しては，破断強度（σ）= 50～150 MPa，引張り弾性率（E）= 1.5～4 GPa，破断伸び（e）= 3～20％であり，延伸処理されていない芳香族ポリイミドに近い値である。

5.5　ポリイミドの吸水率とガスバリア性

フレキシブルディスプレイ基板材料として，ガスバリア性は最も重要な特性の一つである。例えば，有機 EL 基板に要求される水蒸気透過率は10^{-6} g/m^2/day といわれ，汎用プラスチック基材ではこの値が 1～100 g/m^2/day であるので，無機系バリア膜を積層することが必須になる。代表的な透明プラスチックの水蒸気透過率（透湿度）と吸水率を表1に示した[10]。吸水率の低いポリエステル（PEN，PET）はポリエーテルスルホン（PES）と比べて水蒸気透過率が小さい。水蒸気はフィルム中の非晶部分を透過しやすいため，結晶化度が高く密に充填したポリマーほど拡散係数が小さく，結果としてバリア性が高くなる。非晶質ポリマーであるポリカーボネート（PC）は基材への水の溶解度（吸水率）が低いが，水蒸気透過率が高い値を示す。しかし，ポリイミドを含めた通常のプラスチックの殆どは非晶性，あるいは非晶質部分が多いため，概して低

表1　代表的な透明フィルムの吸水率と水蒸気透過率

	PEN(Q65)	PET	PC	PES
膜厚（μm）	125	100	120	200
吸水率（％）	0.4	0.5	0.3	1.9
水蒸気透過率（g/m^2/day）	2	6	50	54

吸水率のものは水蒸気透過率も小さくなる。

　芳香族ポリイミドの吸水率は2〜3wt%で，この高い値は分子内のイミド基によるものである。イミド基の含有率を下げることによって低吸水率化が図られている。例えば，長谷川はエステル結合を導入したテトラカルボン酸二無水物 TAHQ と DDE から図8(a)に示したような低吸水性のポリイミドを合成している[11]。ポリイミドの繰り返し単位構造の分子量に対するイミド基（-CO-N-CO-）分子量70の比を重量%で表したものをイミド基濃度と定義すれば，Kapton® タイプポリイミド PI(PMDA-DDE) では36.6%，PI(TAHQ-DDE) では22.5%であり，吸水率はそれぞれ2.5%と0.6%と，イミド基濃度の影響が顕著にあらわれている。同様の設計指針で，Chern はジアマンタン構造芳香族ジアミンと PMDA から吸水率0.13%の低吸水性ポリイミド PI(PMDA-16PPAM)（図8(b)）を合成しているが[12]，図8(a)，図8(b)いずれも着色している。

　脂環式ポリイミドの吸水率や水蒸気透過率に関する報告例は芳香族ポリイミドに比べて多くはない。ベンゼンとシクロヘキサンの水に対する室温での溶解度を比較すると，ベンゼンの方が100倍大きい。H-π相互作用のためである。この効果が吸水率に反映するとすれば，同じイミド基濃度のものでは脂環式ポリイミドの方が低吸水性になると考えられる。前述した透明ポリイミド PI(BHDAdx-1,3BAB) の吸水率は1.2%，三菱ガス化学㈱が開発した脂環式ポリイミド NEOPULIM® (L-1000) では1.6%である。一方，水蒸気透過率は，Kapton® が2.1 (g/m^2/d/mm) であるのに対して NEOPULIM® (L-1000) は17 (g/m^2/d/mm) と比較的大きい。これは，前者は密度が1.42 g/cm^3，後者は1.26 g/cm^3 であり，Kapton® の方が密に充填して自由体積が小さいためガスバリア性が高くなったと考えられる。

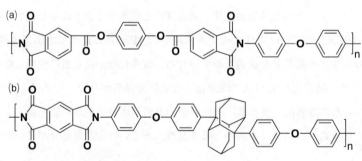

図8　低吸水性ポリイミド
　　(a) PI(TAHQ-DDE) および，(b) PI(PMDA-16PPAM)

5.6　おわりに

　太陽電池には二十年以上の耐用年数が求められるため，ガラスに替わるプラスチック材料には高度のガスバリア性が必要になる。三菱化学㈱が開発した太陽電池は，光を受けて発電する太陽

第2章 エレクトロニクス用プラスチックフィルム

電池素子，素子を被覆するガスバリアフィルム，素子受光面を覆う紫外線カットフィルムで構成されている[13]。化合物半導体系太陽電池の場合，ガスバリアフィルムは，酸素透過率が10^{-6} cc/m^2/d/atm であることが望ましいといわれている。また，水蒸気透過率が低いほどZnO：Al などの透明電極の水分との反応による劣化が抑えられ，寿命が延びる。ガスバリアフィルムには可視光領域での高い透明性，好ましくは95％以上，が求められる。さらに，薄膜太陽電池は光を受けて熱せられることが多いため，ガスバリアフィルムには高い耐熱性，例えば熱寸法安定性と250℃以上のガラス転移温度（Tg）も必要とされる。本稿で述べた脂環式ポリイミドを中心とした透明ポリイミドは，光透過性と耐熱性の要求は満たすが，太陽電池や有機EL分野で求められるガスバリア性を，単独ではクリアできない。従って，前述したように，透明ポリイミド上にSiO$_x$，SiN$_x$といった無機薄膜を製膜してハイグレードなガスバリア性を付与させることになろう。

文　献

1) B. R. Bikson and J. Freimanis, *Vysokomol. Soed. Ser. A*, **12**(1), 69-73 (1970)
2) T. A. Gordina, B. V. Kotov, O. V. Kolnivov, A. N. Pravednikov, *Vysokomol. Soed. Ser. B*, **15**, 378-81 (1973)
3) a) T. Matsumoto, *High Perform. Polym.*, **11**, 367-377 (1999)；b) T. Matsumoto, *J. Photopolym. Sci. Technol.*, **12**, 231-236 (1999)
4) D. Erskine, P. Y. Yu and S. C. Freilich, *J. Polym. Sci. Part C, Polym. Lett.*, **26**(11), 465-8 (1988)
5) J. Wakita and S. Ando, *J. Phys. Chem. B*, **113**, 8835-8846 (2009)
6) 阿部孝俊，中野隆志，柿ヶ野武明，山下　渉，福川健一，岡崎真喜，玉井正司，第18回日本ポリイミド・芳香族系高分子会議予稿集 p 4, 東京工芸大学厚木キャンパス（2010）
7) M.-C. Choi, J. Wakita, C.-S. Ha and S. Ando, *Macromolecules*, **42**, 5112-5120 (2009)
8) Y. Oishi *et al.*, *J. Photopolym. Sci. & Technol.*, **14**(1), 37-40 (2001), **16**(2), 263-266 (2003)
9) T. Ogura and M. Ueda, *Macromolecules*, **40**, 3527-3527 (2007)
10) 奥村久雄，各種透明フレキシブル基板材料の開発・特性と高機能化，情報機構，pp 31 (2010)
11) 長谷川匡俊，最新ポリイミド材料と応用技術，柿本雅明監修，シーエムシー出版，pp 38 (2006)
12) Y.-T. Chern, *Macromolecules*, **31**, 5837-44 (1998)
13) プラスチック表面無機膜の形成技術，東レリサーチセンター，pp 270 (2010)

6 薄膜形成基板としての低CTE（線膨張係数）ポリイミドフィルム

奥山哲雄[*]

6.1 はじめに

これまで薄膜形成に用いる基板といえばガラスやシリコンが主流であった。これらの基板を高分子フィルムに置き換えようとした場合，高分子フィルムのガスバリア性，耐熱性，そして熱収縮やCTE（線膨張係数）が問題となってくる。以下これらの問題点について述べる。

① ガスバリア性：フィルム上に様々なデバイスを作成する場合，特にディスプレイデバイスでは，水蒸気透過度10^{-5} g/(m^2・24 hr) 以下といった要求もあり，高分子フィルムへのガスバリア薄膜形成は不可欠な要素である。

② 耐熱性：基板に必要とされる耐熱性は形成するデバイスの種類によって大きく変わるが，概してプロセス温度を高くした方が，結晶性の良好な薄膜を作りやすく，性能の良いデバイスが得られる。このため，フィルムの耐熱性が高い方が高性能なデバイス作成が可能となる。耐熱性の高い代表的な高分子フィルムとして，ポリイミドフィルムがあるが，多くは着色している。透明性が高い方が，特にディスプレイデバイスの場合，方式を選ばず使用できるため好ましい。しかし，最近は必ずしも透明ではないフィルムを使えるディスプレイデバイスとしてトップエミッション型ELなどが注目を集めつつある。

③ 熱収縮・CTE：半導体や酸化物薄膜の多くは比較的高温で堆積されるため，高分子フィルム基板が熱収縮した場合に，その分の応力が薄膜に加わり欠陥などを生じやすくなり望ましくない。また，これらの薄膜の多くはCTEが低いため，CTEミスマッチの少ない基板フィルムを使った方が，薄膜に加わる応力は弱くなり，フィルムの反りが小さくなる。また，微細なパターンを作成する場合も低CTEであれば精度良くパターン作成が行える。

近年注目されるデバイス作成法として，ガラス基板上にフィルムを貼り付けた状態でのデバイス形成が挙げられる[1]。この場合も，ガラスとのCTE差が少ない方がフィルムに応力が溜まることが少ないというメリットがある。

これら特性のうちで耐熱性と低CTEを両立した素材として，低CTEなポリイミドフィルムが好適な素材となる。更にこの素材にガスバリア薄膜をつけることによって，従来の無機基板から置き換えるための障害の多くが解消できる。

6.2 ポリイミドフィルム

芳香族ポリイミドは一般に，テトラカルボン酸二無水物とジアミンの溶液重合により得られる

---

[*] Tetsuo Okuyama　東洋紡績㈱　総合研究所　コーポレート研究所　IT材料開発グループ

第2章　エレクトロニクス用プラスチックフィルム

前駆体（ポリアミド酸）の脱水閉環反応により得られる。種々のテトラカルボン酸二無水物とジアミンを組み合わせることにより様々な特性のポリイミドを得ることができる。不溶，不融となるポリイミドも，この前駆体（ポリアミド酸）の段階では溶剤に溶けることから，この段階で平板上に流延した後にイミド化させてポリイミドフィルムが作られる[2]。

一般に用いられるポリイミドフィルムは非熱可塑タイプのポリイミド樹脂からなり，これは柔軟タイプと剛直タイプに分類される。柔軟タイプの代表例として，PMDA（ピロメリット酸二無水物）とODA（オキシジアニリン）の組み合わせから得られるポリイミドフィルムがあり，剛直タイプとして，BPDA（ビフェニルテトラカルボン酸二無水物）とPDA（パラフェニレンジアミン）から得られるポリイミドフィルムがある。これらのポリイミドフィルムは，高分子フィルム中で最高レベルの耐熱性と難燃性を有している。

当社開発のXENOMAX®（ゼノマックス）[3]は，新規な化学構造を持ったポリイミドフィルムであり，ポリマー骨格中にPBZ（ポリベンザゾール）構造を導入することにより，ポリイミドフィルムの特徴である耐熱性，難燃性を損なうことなく，従来のポリイミドフィルムでは得られなかったシリコンと同等の低いCTEを広い温度範囲で実現している。

以下，PMDA/ODA系：柔軟タイプ（以下ポリイミドAと呼ぶ），BPDA/PDA：剛直タイプ（以下ポリイミドBと呼ぶ）との比較によりXENOMAX®の特徴について紹介する。

6.3 XENOMAX® の物性

ガラス転移点（Tg）の前後でCTEは異なるが，高分子素材では，Tg以下の領域においてもCTEは必ずしも一定値ではなく温度依存性を示すことが多い。高温での薄膜作成などの温度変化を伴う加工プロセス中での材料挙動を理解するためには，CTEの温度依存性は重要な情報となる。図1にXENOMAX®とポリイミドA，Bの面内（XY方向）および面垂直方向（Z方向）のCTE温度依存性を示す。ポリイミドAの，50〜200℃の面内平均CTEは18 ppm/℃であり，

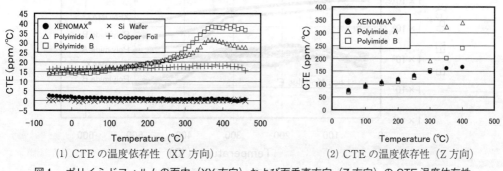

(1) CTEの温度依存性（XY方向）　　(2) CTEの温度依存性（Z方向）

図1　ポリイミドフィルムの面内（XY方向）および面垂直方向（Z方向）のCTE温度依存性

銅箔のCTEに近い値を示している。しかしながら，CTEの温度依存性があり，300℃を超えた付近に変曲点が観察され，それより高温度域でのCTEは安定していない。ポリイミドBもほぼ同様の温度依存性を示している。これに対してXENOMAX®では，室温から400℃までの間で，CTEが2〜3 ppm/℃とほぼ一定の低い値を示している。この値は，シリコンのCTEにほぼ等しいことから，シリコン薄膜を堆積させる基板に適している。

また，ポリイミドフィルムのCTEには異方性がある。ポリイミドフィルムの配向により，厚み方向（Z方向）のCTEは面内方向と比較して大きな値をとると考えられる。温度の上昇に伴い，直鎖高分子では分子軸方向に収縮し，分子軸直交方向に膨張する。分子軸が面内に配向しているフィルムでは，面内のCTEが下がっており，これに対して，フィルム膜厚方向は分子軸と直交方向となるためにCTEの異方性が現れていると考えている。

この様にフィルムのCTEが等方性ではないため，フィルム内に貫通電極を作った場合電極金属のCTE（Cuでは17 ppm/℃）とフィルム膜厚方向のCTE（室温で80 ppm/℃）は著しく異なることになる。しかしながら貫通電極の金属に比べフィルムの膜厚方向の弾性率は1桁以上小さいため貫通電極金属へ加わる応力はさほど大きくはない。XENOMAX®を用いた両面スルーホール基板の評価において，信頼性が著しく低下することはない[4]と示唆されている。

薄膜のアニール工程など加工プロセス中に温度履歴がある場合，あるいは高温環境下で使用されるケースを想定すると，CTEの温度依存性とともに，弾性率の温度依存性にも注意を払う必要がある。図2に粘弾性特性の温度依存性を示す。図中のE'（動的貯蔵弾性率），E''（動的損失弾性率）はそれぞれ弾性成分，粘性成分を示す。ポリイミドAは，300℃を超えた付近から急激にE'が低下し，400〜500℃の弾性率は室温での弾性率の1/10以下に低下している。また，330℃前後にE''の極大値が観察されており，この付近に構造の転移点が存在することが示唆される。この温度はCTEの温度特性に見られる変曲点とほぼ一致しており，弾性率が低下する温

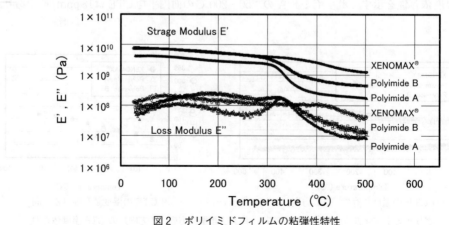

図2　ポリイミドフィルムの粘弾性特性

第2章　エレクトロニクス用プラスチックフィルム

度域でCTEが大きくなっていることがわかる。ポリイミドBにおいても，ほぼ同様の傾向が示されている。XENOMAX®では400℃付近に変曲点が見られるが，弾性率の低下度合いは小さく，500℃に至っても1GPa以上と，実用上問題のない弾性率を保持している。このことから，300℃以上の高温が用いられるプロセス下で，弾性的性質，およびCTEに変化が少ない状態で使用できる。

表1にXENOMAX®，ポリイミドA，ポリイミドBの諸特性をまとめた。200℃×10分程度（大気雰囲気下）の熱履歴後では，いずれのポリイミドフィルムも熱収縮率が0.01～0.05%程度と非常に小さな値を示している。一方，400℃×2時間（N_2雰囲気下）という高温かつ長時間の条件においては，ポリイミドA，Bが1%近い熱収縮率を示すのに対して，XENOMAX®は0.1%以下と，高い寸法安定性を示していることがわかる。

XENOMAX®の機械特性として，引張弾性率，強伸度をみると，伸度はやや小さいが，剛直タイプのポリイミドBフィルムに比較的近い特性であり，一般のエンジニアリングプラスチックフィルムと同様のハンドリングが可能である。電気的には絶縁性，誘電特性ともに絶縁フィルムとして十分な特性を備えている。

表1　各ポリイミドフィルムの特性

特性項目		ポリイミドフィルム			備考
		XENOMAX®	ポリイミドA (PMDA/ODA系)	ポリイミドB (BPDA/PDA)	
引張弾性率	GPa	8	5.2	8.9	
引張強度	MPa	440-530	360	540	
破断伸度	%	30～45	60～70	50	
引裂強度	N/mm	2.4	3.4	2.7	
熱収縮率 MD/TD	%	0.01/0.01	0.01/−0.02	0.03/0.05	200℃，10 min.
	%	0.09/0.03	0.74/0.74	0.60/0.65	400℃，2 hr
線膨張係数	ppm/℃	2.5	18	16	RTから200℃の平均値
吸湿膨張係数 MD/TD	ppm/RH%	10.2/10.2	12.2/14.0	10.0/10.4	15%RH→75%RH
表面抵抗率	Ω	>10^{17}	>10^{17}	>10^{17}	DC 500 V
体積抵抗率	Ω・cm	$1.5×10^{16}$	$1.5×10^{16}$	$1.5×10^{16}$	DC 500 V
比誘電率	—	3.8	3.8	3.5	12 GHz
誘電正接	—	0.014	0.007	0.011	
絶縁破壊電圧	KV/mm	350	450	390	

MD：フィルム長さ方向，TD：フィルム幅方向

表2にXENOMAX®のUL登録状況（UL FILE No. QMFZ2E247930）を示す。機械的相対温度指数（RTI Mech.）は10万時間後に，機械強度が半減する温度を指し，長期使用での耐熱性の指標となるが，220～240℃と高分子フィルム中の最高のレベルを達成している。

図3に吸湿寸法変化率の時間依存性を示す。図3の上半分は25℃×15％RHの環境に24時間放置したポリイミドフィルムを，25℃×75％RHの環境に移した際の吸湿寸法変化を，下半分は25℃×75％RHの環境に24時間放置した後に25℃×15％RHの環境に移した際の放湿寸法変化を示している。ポリイミドAは±0.08％程度の寸法変化率を示す。寸法変化が安定するのに要する時間は2～5時間程度である。XENOMAX®の寸法変化率は±0.06％程度とポリイミドAに比較して小さいが，寸法変化が安定するまでには10～15時間程度を要する。

フィルムのガス透過度は，拡散に関するFickの法則に従うなら膜厚に対して反比例すると考えられる。ガス透過度の膜厚依存を図4に示した。酸素透過度（OTR），水蒸気透過度（WVTR）ともに膜厚に反比例しており，これから気体透過係数を求めると，それぞれ $4\,cc \cdot 20\,\mu m/(m^2 \cdot 24\,hr \cdot atm)$，$5\,g \cdot 20\,\mu m/(m^2 \cdot 24\,hr \cdot atm)$となる。ポリイミドフィルムA，Bの中間的な値

表2　XENOMAX®のUL登録状況

厚さ	燃焼性	HWI	HAI	RTI [℃]		D495	CTI
μm	UL94	等級	等級	Elec.	Mech.	等級	等級
5	VTM-0	0	4	220	220	—	—
10	V-0	0	3	240	240	4	3
50	V-0	0	2	260	240	—	—

HWI：ホットワイヤー発火性，HAI：高電流アーク発火性，RTI：相対温度指数，D495：耐アーク性，CTI：耐トラッキング指数

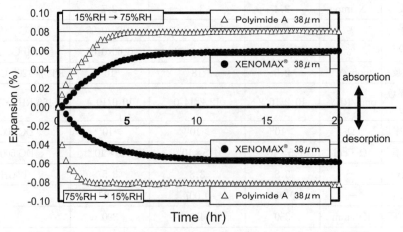

図3　ポリイミドフィルム（XENOMAX®，ポリイミドA）の吸放湿特性

第2章 エレクトロニクス用プラスチックフィルム

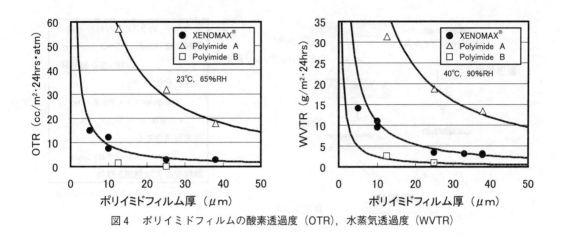

図4 ポリイミドフィルムの酸素透過度（OTR），水蒸気透過度（WVTR）

を示している。

6.4 プロセス中のフィルム仮固定

　高分子フィルムを薄膜微細デバイス作成基板として使う場合に，フィルムのハンドリングは問題点となる場合が多い。薄くて曲がることはフィルムの利点であるが，位置決めをして微細デバイスを作るためには，固定する必要がある。ロール・ツウ・ロールでのTFT液晶パネルをロール材から連続製造する技術開発についてはNEDO，次世代モバイル用表示材料技術研究組合のプレスリリースが2008年12月に出されている。将来的にはロール・ツウ・ロールでの技術開発も進展すると考えられるが，現状でフィルム上にデバイスを作成する場合にはバッチ処理となる。既存のガラス基板と同等な取り扱いができて，従来のプロセス装置が使えることが望ましい[1]。ガラスやSiウェハに貼り付けることで，これら基板用のプロセス装置を使うことができる。プロセス後にガラスなどから剥がすことで，フィルムデバイスとなる。接着剤を使った貼り付けの試みもなされているが[5]，200℃以上のプロセス温度で使えないため，高温で使用できるプロセス中仮固定法を我々は開発している。400℃1時間保持後も剥離強度が落ちないため，この程度の高温プロセスで使用可能であり，特に高い位置あわせ精度が要求される微細デバイスを作るためには有効な方法である。図5にこの手法を示す。

6.5 まとめ

　薄膜デバイス形成用基板としてのポリイミドフィルムについての概説と，新規な構造と低CTE特性を持つポリイミドフィルムXENOMAX®とフィルムのプロセス中仮固定による加工手法を紹介した。これまでポリイミドフィルムはCu配線基板用として多く用いられてきたが，Siなどの半導体薄膜やセラミックス薄膜の基板としてポリイミドフィルムを捉えたとき，広い温度

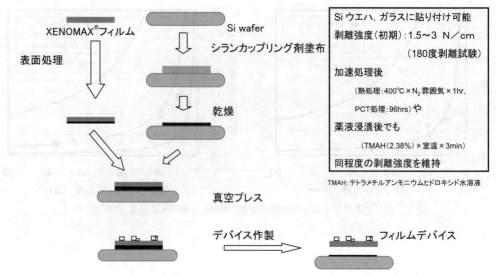

図5 XENOMAX® プロセス中仮固定による，フィルムデバイスの作成

範囲で Si と同等の CTE を持つ XENOMAX® は今後薄膜デバイス用のフィルム基板として期待される。

文　　献

1) 時任静士，NHK 技研 R&D，120，p 4 (2010)
2) 長谷川匡俊，最新ポリイミド，p 101，株式会社エヌ・ティー・エス (2002)；
   下川裕人，小林紀史，耐熱性高分子電子材料，p 89，株式会社シーエムシー出版 (2003)
3) 奥山哲雄，電子材料，**47** (1)，p 77 (2008)；S. Maeda, *J. Photopolymer Science and Technology*, **21** (1), p 95 (2008)
4) 土屋俊之ほか，MES 2010（第20回マイクロエレクトロニクスシンポジウム論文集），p 243 (2010)
5) B. Gregory *et al.*, *Journal of the SID*, **15** (7), p 445 (2007)

7 シクロオレフィンポリマー

池田功一*

7.1 はじめに

　プラスチックフィルムを基板に用いたフレキシブルエレクトロニクスデバイスは，その形状の自由度，薄型・軽量などの特長から，薄膜太陽電池，電子ペーパー，有機 EL ディスプレイなどのアプリケーションを中心に開発が進められている[1]。

　エレクトロニクス用プラスチックフィルム基板に用いられる素材には，透明性，耐衝撃性，耐湿性，寸法安定性，水蒸気バリア性，耐熱性，耐薬品性，耐候性，耐傷付性など多岐に渡る特性が求められており[2,3]，特に近年，性能や生産性向上の観点から耐水性，水蒸気バリア性，寸法安定性に対する要求が高まっている。

　このような要求に対して，現在，エレクトロニクス用プラスチックフィルム基板の素材として主に用いられているポリエチレンテフタレート（以下 PET と略す）やポリエチレンナフタレート（以下 PEN と略す）は，耐衝撃性などは優れるものの，耐湿性，耐加水分解性，水蒸気バリア性及び寸法安定性などに課題があり，これらの特性を改善する素材開発が必須となっている。

　本稿では PET や PEN などのポリエステルフィルムに代わる，エレクトロニクス用プラスチックフィルム基板用ポリマーとして注目されているシクロオレフィンポリマーの特長と開発動向について述べる。

7.2 シクロオレフィンポリマーとは

　シクロオレフィンポリマーとは，シクロオレフィン類をモノマーとして合成される脂環構造を有するポリマーであり，透明性に優れた光学ポリマーとして開発されてきた[4~7]。

　現在工業化されているシクロオレフィンポリマーには，反応性の高いノルボルネン類をモノマーに用いた開環メタセシス重合型ポリマー（Cyclo Olefin Polymer：以下 COP と略す）（図1(a)）と，エチレンとの付加共重合型ポリマー（Cyclo Olefin Co-polymer：以下 COC と略記する）（図1(b)）がある。

　これらは一括りではシクロオレフィンポリマーのグループに含まれるものの，ポリマー骨格や組成などの違いから，耐衝撃性や引張伸びなどの機械特性や高温高湿環境下での透明性変化などは異なる性質を示す。

　日本ゼオンでは，光学用透明プラスチックとしての特性バランスの良い，開環メタセシス重合体の二重結合を水素化して得られる COP（図1(a)）を「ZEONEX®」，「ZEONOR®」として工業

---

*　Koichi Ikeda　日本ゼオン㈱　高機能樹脂・部材事業部　高機能樹脂販売部　課長代理

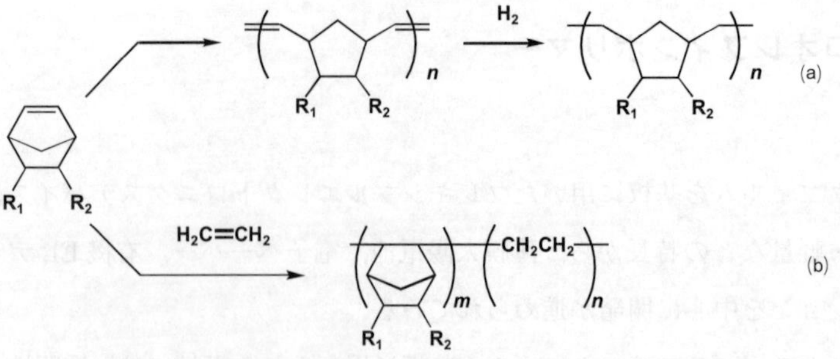

図1　工業化されているシクロオレフィンポリマーの種類

7.2.1 ZEONEX®

「ZEONEX®」は透明性・低複屈折性・耐湿性・耐熱性・精密成形性・低不純物性などの特長に加えて特に屈折率を精密に制御した高性能な光学用透明プラスチックの位置づけであり，光学レンズ・プリズムなどの光学部品，シリンジ・バイアル・光学検査セルなどの医療容器，また優れた電気絶縁特性を活かして，携帯電話のアンテナ基板・高周波コネクタ部品などの電気電子部材に広く利用されるようになった。

7.2.2 ZEONOR®

一方「ZEONOR®」はCOPの持つ透明性・低吸水性・精密成形性などの特長を維持しつつ，汎用性を兼ね備えた透明エンジニアリングプラスチックの位置づけであり，耐熱温度100℃から160℃まで幅広くラインアップを揃え，透明性・低吸水性・精密成形性の他，低透湿性・低アウトガス性・低吸着性などの特長を活かして，ノートパソコン・携帯電話・カーナビなどの液晶バックライト用導光板，液晶TVのバックライト用拡散板，各種光学フィルムの基材などの液晶ディスプレイ用途，ウェハーシッパーや工程内キャリアーなどの半導体用容器，ランプ用エクステンションリフレクターなどの自動車部品，医療・食品用包装フィルム用途などに広く展開されてきた。更に近年ではフロントカバーやバックシートなど太陽電池関連部材にも検討が進められている。

7.3 シクロオレフィンポリマーの特長と技術動向

7.1項でエレクトロニクス用プラスチックフィルム基板用ポリマーには，透明性，耐衝撃性，耐熱性，耐湿性，水蒸気バリア性，耐薬品性，耐候性，耐傷付性など多岐に渡る特性が求められ，シクロオレフィンポリマーが適した構造を有することについて述べた。本項ではそのシクロオレフィンポリマーの最大の特長である，透明性，耐湿性，水蒸気バリア性及び，現在開発が進められている耐候性付与技術について，日本ゼオンの水素化開環メタセシス重合型シクロオレフィン

第 2 章　エレクトロニクス用プラスチックフィルム

ポリマー：ZEONEX®，ZEONOR® を例に取り詳細を説明する。

7.3.1　透明性

ZEONOR® は高い光線透過率を有し，特に 400 nm 以下の領域ではポリカーボネイト（以下 PC と略す），ポリメチルメタクリレート（以下 PMMA と略す）を大きく上回る光線透過率を有している（図 2）。

また高温高湿環境下においても ZEONEX® は安定した光学特性を示すのに対し，同じシクロオレフィンポリマー類に分類される COC は光学特性の低下が観察される（表 1）。

7.3.2　耐湿性と水蒸気バリア性

(1)　耐湿性

① 吸湿性試験

ZEONOR® と PET の湿度と吸水率の関係を比較すると，PET は湿度が高くなるにつれて大きくなる傾向を示しているのに対し，ZEONOR® は湿度によらず，安定した耐湿性を示していることがわかる（図 3）。

② 高温高湿性（85 ℃，85 %RH）

高温高湿試験（85 ℃，85 %RH）前後の ZEONOR® と PET の濁度（HAZE）変化及び外観変

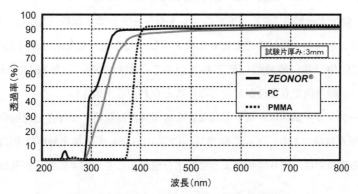

図 2　光学用プラスチックの光線透過率比較

表 1　ZEONEX® と COC の高温高湿試験（80 ℃，95 %RH）前後における光学物性比較

特性	単位	ZEONEX®		COC	
		0 時間後	96 時間後	0 時間後	96 時間後
イエローインデックス[1]	—	1	1	4	7
HAZE[1]	%	1	1	2	10
クレーズ[1], [2]	—	なし	なし	なし	あり

[1]　3 mm 厚射出成形板にて評価
[2]　目視観察

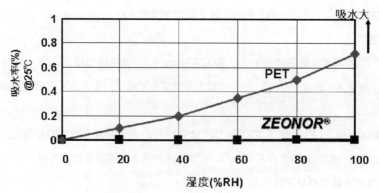

図3 ZEONOR®，PET の湿度と吸水率の関係

化を比較すると，試験後の PET は初期に比べて HAZE が上昇し，フィルム内部に水の浸入と思われる痕跡が観察される。それに対し ZEONOR® は，試験後も HAZE の変化がなく，フィルム内部の水の浸入痕跡は観察されない（図4）。これらのような現象は，ポリマー構造中に極性部位が存在せず，また非晶性なので Tg 以下の環境ではガラス状態であるためポリマー中に水分子が浸透・拡散しにくいことが，主な要因であると考えられる。

③ プレッシャークッカー試験（120℃，100％RH，0.2 MPa）

ZEONOR®，耐加水分解性 PET，PET のプレッシャークッカー試験（120℃，100％RH，0.2 MPa）における，経時的な機械物性変化を比較すると，PET 及び耐加水分解性 PET は，差はあるものの，強度/伸び共に経時的に低下していることがわかる。一方 ZEONOR® は，プレッシャークッカー試験前後でも物性が変化しないことがわかる（図5）。

プレッシャークッカー試験は，電子部品などを高温高湿度環境下で保存した場合の影響を評価する代表的な促進試験であり，上記の結果は，PET のみならず耐加水分解性 PET においても，水分が存在する環境では，図6に示すような加水分解が起こり，徐々に劣化が進行することを示

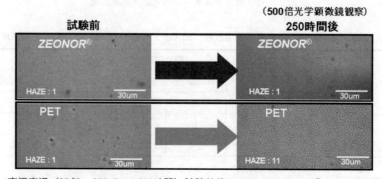

図4 高温高湿（85℃，85％RH，250時間）試験前後における ZEONOR® と PET の外観変化

第2章　エレクトロニクス用プラスチックフィルム

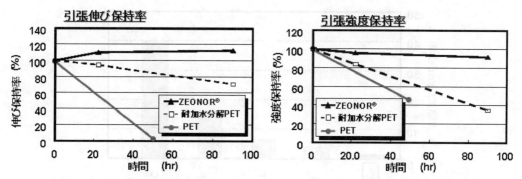

図5　ZEONOR® 1600，PETのプレッシャークッカー試験（120℃，100％RH，0.2 MPa）における経時的な引張特性変化

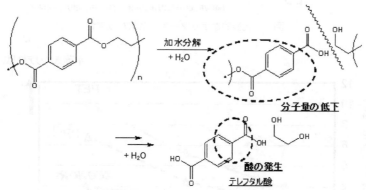

図6　PETの加水分解機構

している。それに対してZEONOR®は，極性基がないため加水分解は起きず，水分に対して非常に高い耐久性があり，太陽電池の基板フィルムとして用いた場合，発電効率維持に有用であると考えられる。

(2) 水蒸気バリア性

ZEONOR®は，40℃，90％RHの環境下でPETの約5倍，PENの約2倍と，エレクトロニクス用プラスチック基板用ポリマーとして優れた水蒸気バリア性を示す（図7）。

またZEONOR®の水蒸気バリア性は，他樹脂と比較して温度の影響が少なく，Tg以下では大きな変動は見られない（図8）。このようなZEONOR®の優れた水蒸気バリア性も，上記と同様にポリマー構造中の極性基の有無によって説明することができる。

しかし，更に高い水蒸気バリア性が要求される場合は，真空蒸着などの手法で，プラスチックフィルム基板表面にSiO_2やAl_2O_3などのハイバリア層を形成する必要がある。有機系太陽電池用の保護シートの要求特性（10^{-5} g/m^2・day以下）のような，非常に高い水蒸気バリア性を実現するためには，高精度なハイバリア層形成が必須であり，そのためにはプラスチックフィルム

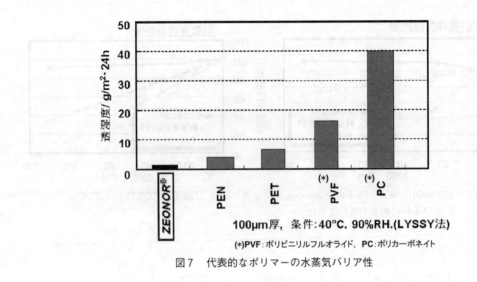

図7　代表的なポリマーの水蒸気バリア性

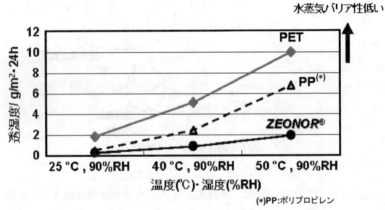

図8　代表的なポリマーの温度と水蒸気バリア性の関係

の高い表面平滑性が不可欠である。日本ゼオンがZEONOR®を原料に開発したゼオノアフィルム®は，フィルム表面上にPETフィルムのような突起（スパイク）が存在せず，表面平滑性が非常に優れており，高精度なハイバリア層形成が期待できる（図9，10）。

7.3.3　耐候性付与技術

ZEONOR®は，一般的なプラスチック同様，太陽光からの紫外線などによって劣化するが，分子構造の制御，紫外線吸収剤の配合処方などによって，自動車のヘッドランプなどに用いられている耐候性PC以上の耐候性を付与することが可能である（図11）。この耐候性付与技術によってZEONOR®の屋外使用が可能となり，太陽電池用プラスチック基板やバックシートの他，樹脂ガラス，LED照明カバーなどへの応用開発が盛んに行われている。

第2章　エレクトロニクス用プラスチックフィルム

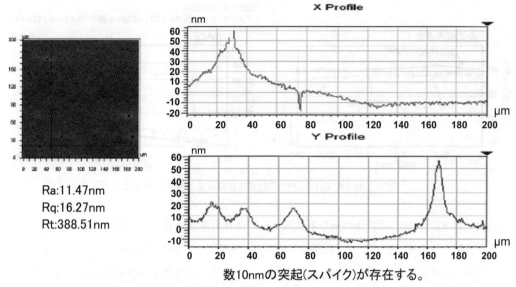

図9　PETの表面形状比較（日本ビーコ㈱ WYKO NT1100にて測定）

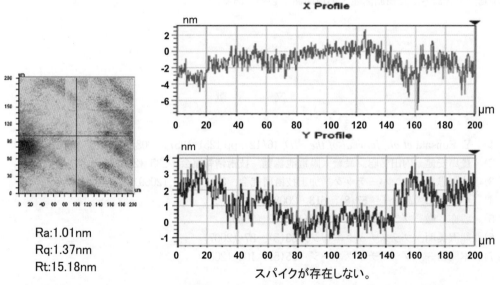

図10　ゼオノアフィルム®の表面形状比較（日本ビーコ㈱ WYKO NT1100にて測定）

7.4　まとめ

　フレキシブルエレクトロニクスデバイスにおいて，プラスチックフィルム基板用ポリマーの耐湿性，水蒸気バリア性の制御が重要なポイントになっている。本稿では，日本ゼオンが製造販売しているシクロオレフィンポリマー：ZEONOR®が，エレクトロニクス用プラスチックフィルム基板用ポリマーとして非常に優れた特性を有していることについて説明した。

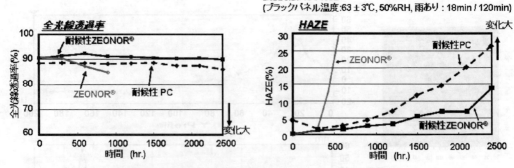

図11 耐侯性 ZEONOR® の耐候性試験による光学特性変化

最近では ZEONOR® の特性の更なる改良や，周辺技術開発が盛んに行われており，エレクトロニクス用プラスチックフィルム基板のみならず，樹脂ガラスや太陽電池バックシートなど，ガラス代替，極性樹脂代替を軸に多様なアプリケーションへの応用開発が進められている。これらの分野は技術の進化が目覚しく，樹脂への要求も日々変化しており，今まで以上の技術動向・市場動向を先読みした樹脂開発・応用開発が必要である。

文　　献

1) Y. Fujisaki et al., *Journal of the SID*, **16**(12), pp 1251-1257 (2008)
2) 豊島安健, 内田　聡, 最新太陽電池総覧, 技術情報協会, 235 (2007)
3) 仲矢忠雄, コンバーテック, 加工技術研究会, **37**(1), 48 (2009)
4) 小原禎二, 高分子, **57**(8), 613 (2008)
5) 勝亦　徹, プラスチックス, **60**(1), 73 (2009)
6) 熊沢英明, プラスチックエージ, **53**(5), 87 (2007)
7) 本間精一, プラスチックエージ, **55**(5), 104 (2009)

第3章 ハイガスバリア性達成への技術開発例と課題

小川倉一[*]

1 はじめに

プラスチックフィルムは軽量でフレキシビリティに富んだ材料である。薄い，軽い，割れない，曲げられる等，ガラスと比較して優れた特徴を持っている。しかし，ガス透過性が大きいためその用途には制限があり，優れたガスバリア性を付与する研究開発が取り組まれており，ある程度実用化もされている。

実用例としては，大気中の酸素や水蒸気のバリアとして各種酸化物薄膜をプラスチックフィルムへコーティングした透明ガスバリアフィルムによるレトルト食品や，PETボトルにガスバリア膜を形成した清涼飲料等が販売されている。さらに，電子デバイス用ガスバリア機能付プラスチック基板の開発等にも取り組まれている。

ここでは，プラスチック基材への優れたガスバリア性を付与するための薄膜形成技術とそれぞれの要求性能に対応した開発事例について述べる。

2 ガスバリア性能と応用分野[1,2)]

一般に用いられているPETフィルムのO_2透過率は，140 cc/m^2・day・atm，H_2O透過率は50 g/m^2・day程度である。これらに透明ガスバリア性を付与する材料として種々なセラミックが用いられる。表1に各種セラミック膜をコーティングしたPETフィルムのガスバリア性を示す。蒸着条件によって性能は異なるが，SiO_2，Al_2O_3，$MgAl_2O_4$がO_2透過率，H_2O透過率とも小さく，バリア性に優れている。

図1にO_2透過率およびH_2O透過率のガスバリアのレベルを利用分野別に示す。

包装材料へのバリア性能はO_2透過率1 cc/m^2・day・atm，H_2O透過率1 g/m^2・dayであるのに対して，LCD用ではカラーSTNでH_2O透過率0.1 g/m^2・day以下で，TFTではさらに0.01 g/m^2・day以下とされている。

近年市場が増大している太陽電池関連では，屋外で20年以上使用するため，H_2Oに対して0.2

---

[*] Soichi Ogawa　三容真空工業㈱　技術顧問

表1 各種セラミックス膜生成PETフィルムのガスバリア性

蒸発材料	O_2透過率 ($cc/m^2 \cdot day \cdot atm$) 20℃,65%RH	H_2O透過度 ($g/m^2 \cdot day$) 40℃,90%RH
SiO	5	5
SiO_2	45	25
Al_2O_3	5	4
CaF_2	42	24
SnO_2	40	25
CeF_3	—	25
MgO	7	24
$MgAl_2O_4$	9	15

基板フィルム #25PET の O_2 透過率:40〜50 $cc/m^2 \cdot day \cdot atm$
H_2O 透過度:20〜60 $g/m^2 \cdot day$

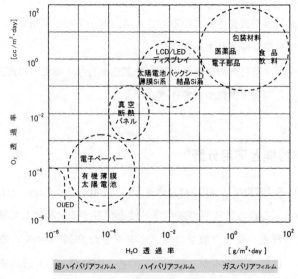

図1 ガスバリア性能と用途イメージ

$g/m^2 \cdot day$ 以下が要求されている。さらに,薄膜系太陽電池では$10^{-3} g/m^2 \cdot day$,色素増感太陽電池や有機太陽電池では$10^{-5} g/m^2 \cdot day$ 以下に保持する必要がある。

さらに有機EL用では他の応用分野に比べて桁違いのバリア性を必要とし,特に H_2O に対しては$10^{-6} g/m^2 \cdot day$ と超バリア性が要求されるため,膜材料,膜構成,膜形成法が重要と考えられる。

第3章　ハイガスバリア性達成への技術開発例と課題

3　ガスバリア膜の低温形成技術

3.1　真空を利用した薄膜形成法と特徴

　バリア膜をプラスチック基材へ作製するためには低温での薄膜形成が必要であり，真空プロセスが必要不可欠である。

　真空プロセスによるバリア膜の作製法とそれらの特徴を表2に示す。

　真空蒸着では蒸発材料の加熱法として抵抗加熱，高周波加熱，電子ビーム加熱が利用されているが，長時間にわたって安定で，すべての高温材料に適用できるため，電子ビーム加熱が多く用いられている。スパッタリングではDCマグネトロン法，RFマグネトロン法，デュアルマグネトロン法があり，ターゲット材質により選別して利用されている。最近では数十KHzの高周波電源を用いたデュアルマグネトロン方式が，従来のDCまたはRFマグネトロン方式に比べてターゲット表面のアーキング発生を抑制でき，成膜速度も大幅に向上できるため，誘電体膜の形成に多く用いられている。プラズマCVD法では種々の方法で発生させたプラズマにより，モノマーガスの分解および基材表面での反応促進により薄膜形成が行われる。

　真空蒸着では，加熱蒸発した粒子が基材へ真空中を無衝突で到達し，スパッタリングでは高エネルギーのイオンが効率良くターゲットを衝撃して，表面より放出された粒子を基材へ到達させ

表2　バリア膜の成膜方法と特徴

		蒸着（EV）	スパッタリング（SP）	CVD（PECVD）
成膜方法の特徴	原料	種々の形状をした材料	ターゲット	液体/気体材料（SiH_4，TEOS[※1]，HMDSO[※2]）
	蒸発方法	EB，抵抗加熱，誘導加熱他	放電（DC，RF，パルスなど）	
	析出過程	中性粒子の析出	スパッタ粒子の析出	プラズマにより活性化された気体粒子の析出
	粒子の方向性	大きい	方向性があるが，小さい	小さい
	成膜圧力域	$10^{-4} \sim 10^{-2}$ Pa	$10^{-1} \sim 10^{0}$ Pa	$10^{0} \sim 10^{1}$ Pa
	膜厚分布	蒸発方法に依存	ガス流，ターゲット形状に依存	電極配置，電極形状，ガス流に依存
例（SiO_x）	成膜速度	100 nm/sec〜可能	1〜2 nm/sec	3〜5 nm/sec
	膜密度	< 2 g/cc	> 2 g/cc	> 2 g/cc
	酸素透過率	<10 cc/m²・day	< 1 cc/m²・day	< 1〜2 cc/m²・day
	備考	緻密性に欠ける	成膜速度は遅いが，緻密性は良好	

※1：Tetaethoxysilane, $Si(OCH_2H_5)_4$
※2：Hexamethyldisiloxane, $Si_2O(CH_3)_6$

る。CVD法ではプラズマ内のイオン・ラジカルがモノマーガスを効率良く分解・反応を促進させているため，それぞれの目的に応じた圧力領域での真空応用技術が必要である。これらの中で重要なことは，膜形成粒子の基板への析出する方向と形成された膜の密度であり，基材への粒子の入射角度が大きい程バリア性が低下し，膜の緻密性が増す程バリア性が高くなる傾向にある。スパッタ法やプラズマCVD法では成膜速度が蒸着法に比べて小さいが，緻密な膜が得られているためバリア性が高くなっている。プラズマCVD法では膜形成粒子の方向性が小さいため，フィルム基材の凹凸にも対応できる可能性を持っている。

3.2 バリアフィルム作製装置と形成例[3]

図2(a)にフィルム巻取系を備えた真空成膜システムの概念図を示してある。

システムは巻取系，成膜系および排気系に分かれている。図2(b)に真空蒸着法，スパッタ法，プラズマCVD法に適用した例を示してある。

クーリングドラムの内部は冷媒，あるいは温媒を流して成膜時のフィルム温度を制御している。これは，フィルム温度の調節だけでなくフィルム基材にシワの発生するのを抑止する効果がある。これらは生産性を向上させるためにクーリングドラム数を増やして膜形成速度を高める場合もある。

蒸着法では蒸発源と反応ガス導入の位置関係が，スパッタ法では排気方向とガス導入位置，ターゲット・基板間の距離が，プラズマCVD法では電極とガス導入位置，排気速度などの検討が重要である。

以上のように，種々な方法で作製したバリア膜は，同じ膜厚でもバリア性能が異なっている。この原因は，フィルム基材の表面状態による影響を受け，形成された膜の連続性と緻密さに依存するためと考えられる。したがって，スパッタ法やプラズマCVD法で形成した膜は真空蒸着膜

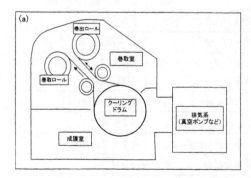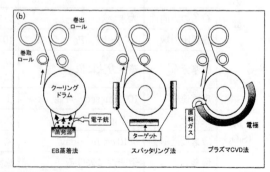

図2　真空巻取式成膜
(a) 真空巻取式成膜装置，(b) 真空巻取式成膜によるバリア膜の形成方法の例

第3章 ハイガスバリア性達成への技術開発例と課題

に比べて薄くても優れたガスバリア性を得ることも可能である。図3は有機膜と無機膜を積層化することにより，超バリア性を付与できる有機・無機複合・積層化成膜装置である。これらにより，10^{-3} g/m^2・day 以下の水分透過率を持った超バリアフィルムが得られている。

4 ハイバリアフィルムの開発例

4.1 太陽電池用ハイバリアフィルム[4]

太陽電池用バリアフィルムは，PETフィルムに電子ビーム蒸着法により10～20 nm の SiO$_x$（x～1.7）をロール・ツー・ロール成膜装置を用いて数百 m/分の高速成膜によりバリアシートを形成している。さらにラミネート技術や SiO$_x$ 蒸着膜の欠陥を制御することにより，ハイバリア化を実現し，図4に示す太陽電池用バックシートを開発している。結晶シリコン太陽電池用として H$_2$O に対して 0.2 g/m^2・day，薄膜太陽電池であるアモルファス太陽電池用として 0.15～0.05 g/m^2・day のバリアシートを試作している。

4.2 プラスチックLCD用バリアフィルム[5]

図5にLCD用プラスチック基板とプラスチックLCDの構成を，表3にLCD用プラスチック基板への要求特性を示してある。

ディスプレイとして利用するため耐熱性を有し，かつ寸法安定性，耐薬品性，光学透過率などの特性が必要である。プラスチック内部からのガス放出を抑制するため，両面にバリア膜を形成する必要もある。各種プラスチックにより O$_2$ 透過性と H$_2$O 透過のメカニズムが異なり，LCD用バリア膜では H$_2$O バリア性が重要視されている。また，フレキシビリティが不可欠であるた

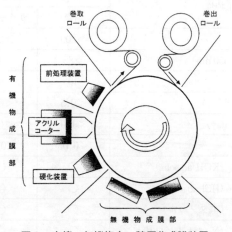

図3 有機・無機複合・積層化成膜装置

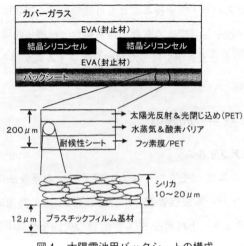

図4　太陽電池用バックシートの構成

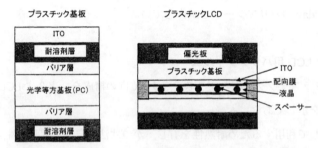

図5　LCD用プラスチック基板とプラスチックLCDの構成

表3　LCD用プラスチック基板への要求特性

要求特性			LCD用途		
			白黒	カラーSTN	TFT
耐熱性	(℃)		>200	>200	>200
透過率	(%, at 550 nm)		>85	>85	>85
表面抵抗値	(Ω/sq)		40	40	40
酸素透過率	(cc/m^2・day)		<0.5	<0.5	<0.5
水蒸気透過率	(g/m^2・day)		<1.0	<0.1	<0.01
寸法安定性	(%)		<0.05	<0.05	<0.05
耐薬品性	アルカリ	(KOH aq.soln.)	○	○	○
	酸	(HCl aq.soln.)	○	○	○
	アルコール	(エタノール)	○	○	○
	極性溶媒	(N-メチルピロリドン)	○	○	○

第3章 ハイガスバリア性達成への技術開発例と課題

め，膜厚も100 nm以下に制御することによりクラックの発生をなくすことができる。したがって，LCD用バリア膜の多くは，スパッタ法およびプラズマCVD法によるSiO_x, SiON薄膜が採用されている。

4.3 ナノ積層化・複合化による超ガスバリアフィルム[6,7]

有機EL素子用バリア膜には水蒸気に対して極めて透過の少ない超バリア性が要求されるため，食品包装用やLCD用に使用されているセラミック単層膜では困難と考えられる。そのため，ポリマー膜とバリア性無機膜とを積層化することにより，超バリア性を実現するための開発が進められている。プラスチック表面は150 nm以上の凹凸があるため，陽極のITOが有機層を突き抜けて短絡する可能性があり，それを防ぐためポリマー膜をコーティングすることにより平坦化できる。さらに，ポリマー膜と積層化することにより，無機膜のピンホールやクラックの発生を防止できるため，有機・無機積層膜による超バリア機能の実現が期待できる。ポリマー膜としてはアクリル樹脂が多用されており，無機膜としてはSiO_2, Si_3N_4, Al_2O_3およびITOが用いられている。

これらの実際例として，半導体工業でバリア膜として利用されているSi_3N_4膜は，低温プロセスで形成すると着色するため，SiON複合膜によるバリア性が検討されている。

図6に反応性スパッタ法で作製したSiO_xN_y薄膜のOとNの割合と光学透過率および保存テスト後の非発光部分（バリア性）の関係を示す。

この図から，O/(O+N)が40〜80%で光学透過率が90%以上で小面積ではあるが充分なバリア性が得られている。このバリア膜を有機EL用に使用するためには，プラスチック基材の表面

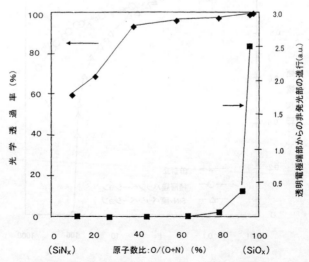

図6 窒化酸化シリコン膜における酸素窒素比O/(O+N)に対する光学透過率およびバリア性の関係

平滑化のため,フォトポリマーをコーティングし,SiON 膜と積層化したマルチバリア構造(図7)の基板を作製し,その表面に有機 EL 素子を作製し,保存試験(60℃,95%RH,500時間)後の発光状態をシングルバリア構造の場合と比較した結果,マルチバリア構造による発光状態が改善されたことが確認できている。

また,プラズマ CVD とプラズマ重合が可能な複合 CVD 装置により,ガラス基板上に作製した有機 EL 素子 $SiN_x/CN_x:H$ 多層保護膜でコーティングし,高温駆動試験を行い評価し,実用展開されている缶封止技術と一般的な SiN_x 単層膜を比較した結果を図8に示す。単層 SiN_x 膜では,数十時間で急激な輝度低下が起こり,100時間で全く発光しなくなっているのに対し,積層膜では,缶封止素子と同等の変化を示しており,$SiN_x/CN_x:H$ 積層膜は缶封止技術と同等のガスバリアを示すことが確認できている。

図7　マルチバリア構造

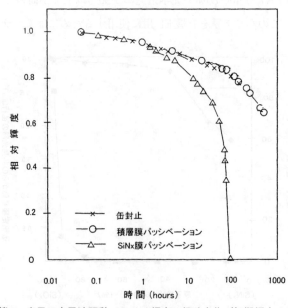

図8　各種有機 EL 素子の定電池駆動における輝度の経時変化(初期輝度400 cd/m^2,85℃)

第3章 ハイガスバリア性達成への技術開発例と課題

その他, 特殊な硬化処理を両面に施したプラスチック基材に図3の複合・積層化装置を用いて, バリア層として Al_2O_3 膜とアクリルポリマー膜を積層化した多層膜を形成し, そのバリア性を表4に示す。

1対の属では H_2O 透過率が $0.27 \, g/m^2 \cdot day$, O_2 透過率 $0.005 \, cc/m^2 \cdot day \cdot atm$ 以下であるのに対して, 2対では H_2O 透過率, O_2 透過率とも測定限界以下である。これらを基板として, 有機ポリマー層とITO層を積層化した有機EL素子についての発光テストの結果, 6ヶ月経過後も特性の劣化は認められておらず, Siやガラス基板に多層構造を形成した有機EL素子へのバリア膜においても10,000時間以上でも劣化がないため, 適用可能と考えられている。

さらなる超ガスバリアを達成するため, 特性の異なる薄膜の組成を傾斜的に変化させて積層化する手法が提案されている。これらの提案では, 無機的な SiON または SiN 薄膜と有機的な SiOC 薄膜をそれらの層の間で組成を変化させて積層化させ, 多層膜を形成する方法である。多層薄膜の層構成と組成分析結果を図9および図10に示してある。3層の SiON 薄膜の間に2層の SiOC 薄膜が積層化され, 2種類の薄膜の層間では組成が傾斜的に変化している。このように,

表4 PETフィルム上に形成した種々のガスバリア膜の特性

試料名	O_2 透過率 ($cc/m^2 \cdot day \cdot atm$)	H_2O 透過度 ($g/m^2 \cdot day$)
PET (50μm)	30.5	5.3
酸化物/PET	1.55	1.5
金属蒸着膜/PET	0.6	0.17
※(AlO$_x$/ポリマー)"/PET (1対)	<0.005	0.27
※(AlO$_x$/ポリマー)"/PET (2対)	<0.005	<0.005

※:ドラム成膜試料

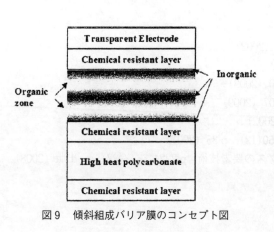

図9 傾斜組成バリア膜のコンセプト図

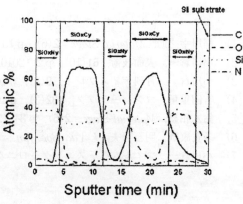

図10 傾斜組成バリア膜の組成

傾斜的に組成を変化させることにより，薄膜の物性を変化させて層間での剥離を防止している。多層膜の形成にはPE-CVD法により単一チャンバー内でそれぞれの薄膜の組成に対応して，供給するガスの組成を変化させて傾斜組成を実現しており，10^{-5}〜10^{-6} g/m^2・day のH$_2$Oバリア性を実現している。

このように，ガス組成を時間的に変化させる手法は枚葉基板への適用は容易であるが，フィルム基板をロール・ツー・ロールで処理する場合には時間的にガス組成を変化させる方法が適用しにくいため，ガス導入方法について検討が必要と考えられる。

したがって，ナノ積層化・複合化超ガスバリア作製技術をロール・ツー・ロール成膜装置に適合できる技術を開発することにより，色素増感太陽電池や，有機薄膜太陽電池用バックシート・フロントシートに適用可能と考えられる。

5　今後の展望

プラスチックフィルムへのハイガスバリア膜形成技術と要求性能に対応した技術開発についてはある程度達成されているが，有機ELや色素増感太陽電池等に適用できる超ガスバリア技術を大面積に適用できる技術開発と超ガスバリア性の評価方法の確立が重要課題と考えられる。

さらに，膜材料構成としては，有機・無機ナノ複合膜・積層膜やAR機能・電磁シールド，UVカット，IRカット等と組み合わせた複合機能化が進むと考えられる。評価方法においては，真空技術の応用や簡易評価方法の開発が必要と考えられる。

文　献

1)　稲川幸之助, *Material Stage*, **2**(6), p 13 (2002)
2)　小川倉一, 表面技術, **61**(10), p 2 (2010)
3)　小川倉一, 月刊ディスプレイ, **9**(8), p 10 (2003)
4)　吉田重信, コンバーテック, **432**(3), p 107 (2009)
5)　鈴木和嘉, *Material Stage*, **2**(6), p 34 (2002)
6)　多賀康訓, 明石邦夫, *J. Vac. Soc. Jpn.*, **50**(12), p 35 (2007)
7)　小川倉一, フィルムベースエレクトロニクスの要素技術, p 222, シーエムシー出版 (2008)

最新ガスバリア薄膜技術
―ハイグレードガスバリアフィルムの実用化に向けて―《普及版》(B1203)

2011年 4月13日　初　版　第1刷発行
2017年 4月10日　普及版　第1刷発行

　　監　修　　中山　弘・小川倉一　　　　　　Printed in Japan
　　発行者　　辻　賢司
　　発行所　　株式会社シーエムシー出版
　　　　　　　東京都千代田区神田錦町1-17-1
　　　　　　　電話 03(3293)7066
　　　　　　　大阪市中央区内平野町1-3-12
　　　　　　　電話 06(4794)8234
　　　　　　　http://www.cmcbooks.co.jp/

〔印刷　あさひ高速印刷株式会社〕　Ⓒ H. Nakayama, S. Ogawa, 2017

落丁・乱丁本はお取替えいたします。

本書の内容の一部あるいは全部を無断で複写(コピー)することは，法律で認められた場合を除き，著作者および出版社の権利の侵害になります。

ISBN978-4-7813-1196-8　C3054　¥4600E